Ben Stacy Jerrik (Hrsg.)

Berijew Be-10

Ben Stacy Jerrik (Hrsg.)

Berijew Be-10

Flugboot, Sowjetunion, Berijew R-1, Seeaufklärer Erstflug, Schulterdecker

Part Press

Imprint

Publisher:
Part Press is a trademark of
International Book Market Service Ltd., 17 Rue Meldrum, Beau Bassin, 1713-01 Mauritius
Email: info@bookmarketservice.com
Website: www.bookmarketservice.com

Published in 2012

Printed in: U.S.A., U.K., Germany. This book was not produced in Mauritius.

ISBN: 978-613-7-89683-9

Contents

Articles

Berijew_Be-10 1
Flugboot 2
Sowjetunion 5
Berijew 29
Berijew_R-1 30
Seeaufklärer 32
Erstflug 35
Schulterdecker 36
Grenzschichtzaun 37
Berijew_Be-12 38
Archip_Michailowitsch_Ljulka 40
Berijew_MP-1 41
Berijew_MBR-2 43
Berijew_MBR-7 45
Berijew_MDR-5 46
Berijew_Be-8 47

References

Article Sources and Contributors 50
Image Sources, Licenses and Contributors 51

Berijew_Be-10

Briefmarke Бе-10 von 1965

Die **Berijew Be-10** (NATO-Code *Mallow*, dt.: Malve) ist ein Flugboot des sowjetischen Herstellers Berijew. Die Maschine ist eine Weiterentwicklung der Berijew R-1. Primärer Einsatzzweck war die Seeaufklärung und Schiffsbekämpfung. Der Erstflug fand am 20. Juni 1956 statt.

Der ganz aus Metall gefertigte Schulterdecker wird von zwei Strahltriebwerken angetrieben, die sich in der Nähe der Flügelwurzel befinden. An den Enden des mit einer ausgeprägt negativen V-Stellung versehenen Tragflügels sind Stützschwimmer montiert. Der Tragflügel selbst ist mit 50° gepfeilt und verfügt über je zwei Grenzschichtzäune pro Seite. Um die Gefahr des Einsaugens von Wasser in die Triebwerke zu minimieren befinden sich am vorderen Rumpfteil Gischtabweiser. Der Bootsrumpf besitzt eine Stufe und verfügt zum Manövrieren auf dem Wasser ein kleines Ruder im Heck.

Die Flugtests der Maschine mit insgesamt 76 Flügen dauerten bis zum 20. Oktober 1958. Die ursprüngliche Ausführung zeigte einige Schwächen bei der Seetauglichkeit und musste modifiziert werden. Die geänderte Version war in der Lage bis zu einer Wellenhöhe von 1,2 m bei einer Windgeschwindigkeit bis zu 16 m/s problemlos auf dem Wasser zu starten und zu landen. Es wurde dann eine kleine Serienproduktion begonnen, in der 27 Maschinen hergestellt wurden. Aber auch diese Maschinen erwiesen sich als schwierig zu fliegen und es gab mehrere Unfälle. Der Typ wurde bei der Luftfahrtparade 1961 in Tuschino erstmals der Öffentlichkeit vorgeführt. Wegen der besseren Reichweitenleistung der Berijew Be-12 wurde dieser jedoch letztlich der Vorzug gegeben. Am 7. August 1961 erreichte eine Maschine des Typs einen neuen Geschwindigkeitsweltrekord in ihrer Klasse mit 911 km/h. Daneben wurden auch mehrere Gipfelhöhenweltrekorde mit und ohne Nutzlast erflogen. Die meisten dieser Rekorde bestehen noch heute. Die Maschinen wurden wegen Problemen mit der Festigkeit bereits 1968 stillgelegt.

Die Bewaffnung bestand aus zwei Kanonen in einem radargesteuerten Heckturm und zwei weiteren Kanonen, die starr in der Rumpfnase eingebaut waren. Als Abwurfbewaffnung waren Anti-U-Boot-Waffen als Außenlast vorgesehen.

Technische Daten

Kenngröße	Daten
Spannweite	22,30 m
Länge	31,10 m
Flügelfläche	111,8 m²
Höchstgeschwindigkeit	911 km/h
Reisegeschwindigkeit	800 km/h
Absolute Gipfelhöhe	14.962 m
Dienstgipfelhöhe	12.500 m
Reichweite	4800 km
Reichweite mit voller Zuladung	2100 km
Leergewicht	24.100 kg
Startgewicht	max. 46.500 kg
Antrieb	2 Ljulka AL-7PB zu je 63,8 kN Schub

Bewaffnung	Vier NS-23 23 mm Kanonen und 2000 kg Abwurfbewaffnung

Flugboot

Ein **Flugboot**, gelegentlich auch **Flugschiff** genannt, ist ein wasserlandungsfähiges Flugzeug (Seeflugzeug), dessen Rumpf schwimmfähig ist. Dadurch unterscheidet es sich von anderen Seeflugzeugen oder Wasserflugzeugen mit meist starr montierten Landegestellen (Schwimmwerk). Flugboote, die zusätzlich ein Fahrwerk haben, nennt man auch Amphibienflugzeuge.

Dornier Do X aus dem Jahr 1929, zu seiner Zeit das weltweit größte Flugzeug

In Deutschland ist der Betrieb von Flugbooten durch die Flugplatzpflicht nur eingeschränkt möglich. Es gibt nur wenige Gelände für Wasserflugzeuge und Flugboote.

Aufbau und Konstruktion

Ein Flugboot hat gegenüber einem Schwimmerflugzeug den Vorteil des geringeren Gewichts, konstruktiven Aufwands und Luftwiderstands, da nicht neben dem Rumpf auch noch voluminöse Schwimmer vorhanden sind. Kleine Seeflugzeuge werden jedoch gerne als Schwimmerflugzeuge ausgeführt, weil dadurch bei Start und Landung Triebwerk und Cockpit weniger dem Spritzwasser ausgesetzt sind.

Martin Chinaclipper Typ 130 Flugboot der 1930er Jahre

In den Anfangsjahren des kommerziellen Flugverkehrs, nach dem Ersten Weltkrieg, wurden Flugboote eingesetzt, da sie auch Orte ohne Flugplatz anfliegen konnten. Auch Langstrecken, die mit den damaligen Flugzeugen nicht non-stop geflogen werden konnten, ließen sich mit einem Flugboot etappenweise überwinden, ohne dass an jeder Zwischenlandestation extra ein Flugplatz angelegt werden musste. Flugboote werden seit den 1940er Jahren im kommerziellen Linienverkehr nur noch selten eingesetzt.[1]

Hughes H-4 ein Riesenflugzeug

In den 1930er Jahren war bei der deutschen Lufthansa neben einer Pilotenlizenz auch ein Kapitänspatent für die Seefahrt zum Führen der Flugboote üblich.[2]

Solche Flugboote boten einige Vorteile:

- sehr lange verfügbare Start- und Landestrecken auf Gewässern,
- gut ausgebaute Infrastruktur von Seehäfen.

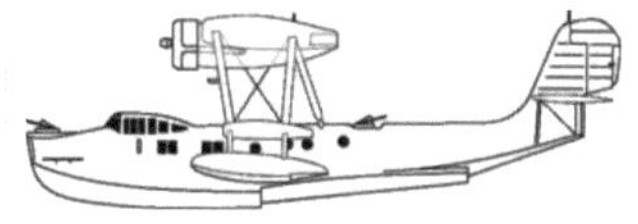

Flugbootkontruktionsmerkmale Beispiel: Saro London

In der Praxis zeigten sich aber verschiedene Probleme:

- Das Abheben von der Wasseroberfläche gestaltete sich schwieriger, als man dachte. Die ersten Flugbootrümpfe orientierten sich an den bestehenden Bootstypen Flachboot und Kielboot. Es hat einige Jahre und viele Versuche gebraucht, um festzustellen, dass der Schwimmkörper des Flugzeugs eine „Stufe“ benötigt, um den Saugeffekt des Wassers zu überwinden.

- Das Heckleitwerk der Flugboote war oft zu niedrig angesetzt. Dies führte beispielsweise bei der Do X zum Abriss des Leitwerks. Spätere Konstruktionen haben daher in der Regel ein deutlich erhöhtes Leitwerk.
- Schon ein leichter Wind macht aus der spiegelglatten See eine rauhe Oberfläche, auf der eine Wasserung recht ungemütlich werden konnte. Der Wasserschlag des wassernden Flugboots war auch für die Triebwerke gefährlich. Der Seegang auf hoher See machte eine Notwasserung beinahe unmöglich.
- Auch bei niedrigem Seegang stellt die Wasserung die Piloten vor Herausforderungen: Zum Beispiel kann dieser die Flughöhe des Flugboots über dem Wasser nur schlecht einschätzen, da hier Merkmale wie Bäume, Gebäude oder ähnliches normalerweise fehlen. Relativ steil anschweben und kurz vor der Landung/Wasserung das Flugzeug abzufangen, wie es mit Landflugzeugen möglich ist, ist mit einem Flugboot gefährlich (Wasserschlag).
- Die notwendige Form des Schwimmkörpers war aerodynamisch nicht besonders günstig; mit wachsenden Fluggeschwindigkeiten wurde dieser Nachteil gegenüber den Landflugzeugen immer größer.

PBY Catalina

Shin Meiwa US-1A

Es gab aber auch positive Überraschungen. Der Bodeneffekt beispielsweise erlaubt dem Flugzeug – in geringer Höhe über der Oberfläche fliegend – eine viel größere Reichweite. Es wurden sogar sogenannte Bodeneffektfahrzeuge gebaut (auch genannt „Ekranoplan“), die sich diesen Effekt zunutze machen.

Shin Meiwa US-2

Einsatz im Passagierverkehr

Mit dem Einsetzen des Passagierverkehrs machte man sich Gedanken, wie die zukünftigen großen Passagierflugzeuge starten und landen sollten. Da zu der Zeit Auftriebshilfen, Lande- und Fowlerklappen noch Zukunftsmusik waren, errechneten die Konstrukteure für diese Flugzeuge immens lange Start- und Landestrecken; Landestrecken, die damals auf Land nicht realisierbar erschienen. Da lag es nahe, auf das Wasser auszuweichen. Sikorsky und die PanAm taten es sehr erfolgreich auf den pazifischen Strecken (San Francisco – Honolulu – Wake – Manila – Hongkong); die Deutschen, Franzosen und Italiener auf den Südamerika-Routen. Die Briten verwendeten neben Landflugzeugen auch Flugboote um das Empire luftverkehrstechnisch zu erschließen.

Berijew Be-12P-200

Entwicklungsgeschichte

Berijew Be-42

Im Ersten Weltkrieg kamen Flugboote bereits 1915 zum Einsatz, etwa die Lohner-Flugboote oder die Grigorowitsch M-5.

Das führte sogar dazu, dass zu dem renommiertesten Geschwindigkeitsrennen der 1920er und 1930er Jahre, dem Schneider-Cup, nur Schwimmerflugzeuge und Flugboote zugelassen waren, die eine (relativ strenge) maritime Tauglichkeitsprüfung bestehen mussten. Ein Curtiss NC Flugboot überquerte 1919 als erstes Flugzeug den Atlantik.

Während des Zweiten Weltkrieges wurden Flugboote zur Küsten- und Seeüberwachung, U-Boot-Bekämpfung und vor allem zur Seenotrettung eingesetzt. In vielerlei Hinsicht konnte man diese Zeit als den Höhepunkt der Flugbootentwicklung bezeichnen – Dornier, Blohm & Voss, Short und die Glenn L. Martin Company bauten bis dato die größten und leistungsfähigsten Flugboote. Sogar Howard Hughes versuchte sich an einer Konstruktion (Hughes H-4).

Noch nach dem Zweiten Weltkrieg bauten einige britische Flugzeugkonstrukteure extrem große Flugboote wie die Saunders-Roe Saro Princess, die über zehn Turboprop-Triebwerke verfügte und ein Fluggewicht von 156 t besaß – eines der größten Wasserflugzeuge, das je gebaut wurde. Mehr als doppelt so groß wäre die P.192 mit 24 Strahltriebwerken und Platz für 1.000 Passagiere auf fünf Flugdecks gewesen. Sie war fertig konstruiert, ist jedoch nie realisiert worden. Die große Zeit der Flugboote waren die 1920er und 1930er Jahre, vor allem geprägt durch die Konstruktionen von Claude Dornier mit dem berühmten Dornier-Wal.

Während der Berliner Luftbrücke landeten britische Catalina- und Sunderland-Flugboote auf der Havel und versorgten die Stadt mit Lebensmitteln.

Auch heute gibt es noch die großen Flugboote – die riesige Martin Mars löscht in Kanada Waldbrände und die Catalina dient vielen maritimen Forschungseinrichtungen. Die Canadair CL-215 und CL-415 sind erfolgreiche, weltweit eingesetzte Wasserlöschflugzeuge, die speziell für diesen Zweck entwickelt wurden.

Aktuell werden Flugboote von Shin Meiwa in Japan und von Berijew in Russland entwickelt oder gefertigt.

Einzelnachweise

[1] Robert L. Gandt: *China Clipper - The Age of the Great Flying Boats*. Naval Institute Press, Annapolis, Maryland, USA 1991, ISBN 0-87021-209-5.

[2] Günter Stauch (Hrsg.): *Das Große Buch der Lufthansa*. GeraMond Verlag, München 2003, ISBN 3-7654-7248-4.

Siehe auch

- Wasserflugzeug
- Amphibienflugzeug
- Bodeneffektfahrzeug (auch Ekranoplan genannt)
- Liste von Flugzeugtypen

Weblinks

- Klassifizierungen und Beispiele Wasserflugzeuge & Flugboote (http://www.kdkuehn.de/modellwasserfliegen_flugzeug-klassen.htm)
- Flugboote in der "Geschichte der österreichischen Wasserfliegerei" (http://www.spaa.at/geschichte.htm)
- SeaMax Flugboot Seamax (http://seamaxusa.com)

Sowjetunion

Союз Советских Социалистических Республик
Sojus Sowjetskich Sozialistitscheskich Respublik
Union der Sozialistischen Sowjetrepubliken

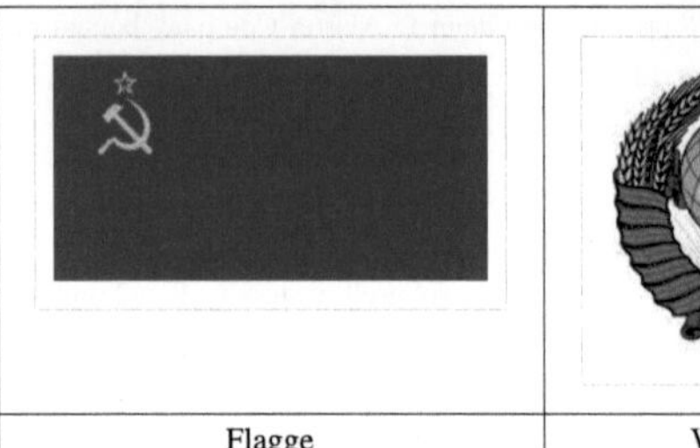	
Flagge	Wappen

Wahlspruch: Пролетарии всех стран, соединяйтесь! (Transkription: Proletarii wsech stran, sojedinjaites!)
Deutsch: Proletarier aller Länder, vereinigt Euch!

Amtssprache	Russisch (in jeder Sowjetrepublik zusätzlich die jeweilige Nationalsprache: Armenisch, Aserbaidschanisch, Estnisch, Georgisch, Kasachisch, Kirgisisch, Lettisch, Litauisch, Moldauisch (Rumänisch), Tadschikisch, Turkmenisch, Ukrainisch, Usbekisch und Weißrussisch sowie andere Nationalsprachen in den autonomen Republiken)
Hauptstadt	Moskau (seit 12. März 1918 Hauptstadt von Sowjetrussland, später RSFSR, ab 30. Dezember 1922 Hauptstadt der UdSSR)
Staatsform	(formale) Räterepublik
Regierungsform	Sozialistisches Einparteiensystem
Staatsoberhaupt	Staatsoberhäupter der UdSSR
Regierungschef	Regierungschefs der UdSSR
Fläche	22.402.223 km²
Einwohnerzahl	290.100.023 (1991)
Bevölkerungsdichte	13 Einwohner pro km²
Währung	1 Rubel = 100 Kopeken ISO 4217 Code = SUR **Währungskurs zum Dollar**[1] 1930 1 Rubel = 0,51 Dollar 1938 1 Rubel = 0,19 Dollar 1950 1 Rubel = 0,25 Dollar 1961 1 Rubel = 1,11 Dollar 1973 1 Rubel = 1,33 Dollar

Gründung	30. Dezember 1922, aus: Sowjetrussland Ukrainischer SSR Weißrussischer SSR Transkaukasischer SFSR
Nationalhymne	*Die Internationale* (1922–1944) *Gimn Sowjetskowo Sojusa* (1944–1991)
Nationalfeiertag	9. Mai *Tag des Sieges* 7. Oktober *Tag der Verfassung* 7. November *Tag der Oktoberrevolution*
Zeitzone	UTC +02:00 bis +12:00
Kfz-Kennzeichen	SU
Internet-TLD	.su heute für Russland reserviert
Telefonvorwahl	+7 heute von Russland verwendet

Die völkerrechtliche Auflösung der Sowjetunion erfolgte am 26. Dezember 1991 durch Beschluss des Obersten Sowjets.

Staatsgebiet der Sowjetunion

Die **Sowjetunion** (kurz **SU**, vollständige amtliche Bezeichnung: **Union der Sozialistischen Sowjetrepubliken**, kurz **UdSSR**, russisch Союз Советских Социалистических Республик (СССР)/*Sojus Sowjetskich Sozialistitscheskich Respublik (SSSR)* anhören) war ein zentralistisch regierter, föderativer Einparteienstaat, dessen Territorium sich über Osteuropa und den Kaukasus bis nach Zentral- und das gesamte Nordasien erstreckte. Sie wurde am 30. Dezember 1922 gegründet und durch die Alma-Ata-Deklaration am 21. Dezember 1991 als Union aufgelöst. Die völkerrechtlichen Rechte und Pflichten in internationalen Organisationen werden seitdem von der Russischen Föderation wahrgenommen.

Das Kerngebiet (mit 78 % der Fläche 1990) bestand aus der Russischen Sowjetrepublik (RSFSR), die im Zuge der Oktoberrevolution am 7. November 1917 aus dem Kern des Zarenreiches hervorgegangen war und auf welche als unabhängige Russische Föderation nach der Auflösung der Union deren „Verbindungsfaden mit der Außenwelt übergegangen ist“.[2] Die RSFSR hatte zuvor – anders als die übrigen ehemaligen Sowjetrepubliken – ihrerseits keine Unabhängigkeitserklärung abgegeben,[3] was nicht mit der „Deklaration der staatlichen Souveränität“ der Russischen Föderation vom 12. Juni 1990 zu verwechseln ist (→ Tag Russlands).

Wegen der Dominanz der Russischen Sowjetrepublik wurde die Sowjetunion in den westlichen Ländern sprachlich oft mit *Russland* gleichgesetzt (sogenanntes *Sowjetrussland*). Die Sowjetbürger wurden verallgemeinernd fälschlich als „Russen" bezeichnet.

Geographie

Ihre größte Ausdehnung, welche sie auch bis zu ihrem Ende beibehielt, erlangte die Union im Verlauf des Zweiten Weltkrieges mit der Einverleibung der baltischen Länder (Estland, Lettland, Litauen), Bessarabiens, Tannu-Tuwas, des nördlichen Teils Ostpreußens sowie finnischer, polnischer, tschechoslowakischer und japanischer Gebiete. Die Sowjetunion war damit (abgesehen vom Russischen Reich vor 1917, zu dem auch Finnland, Polen und die Nordost-Türkei gehörten) in der jüngeren Geschichte der Menschheit der Staat mit dem größten zusammenhängenden Hoheitsgebiet. Sie gehörte zu den größten Herrschaftsräumen der Geschichte.

Die Sowjetunion grenzte nach 1945 an zwölf Nachbarstaaten: im Westen an Rumänien (1.208 Kilometer), Ungarn (103 Kilometer), die Tschechoslowakei (97 Kilometer), Polen (1.258 Kilometer), die Ostsee, Finnland (1.340 Kilometer) und Norwegen (196 Kilometer); im Norden an die Barentssee, die Karasee, die Laptewsee sowie an die Ostsibirische See; im Osten an das Ochotskische Meer, das Beringmeer sowie an den Pazifischen Ozean; im Süden an Nordkorea (19 Kilometer), die Volksrepublik China (6.513 Kilometer), die Mongolei (3.485 Kilometer), Afghanistan (2.264 Kilometer), den Iran (2.013 Kilometer), die Türkei (529 Kilometer) und das Schwarze Meer. Die UdSSR hatte zusammen eine Landesgrenze von insgesamt 19.025 Kilometern Länge und damit etwa 1.000 Kilometer weniger als das deutlich kleinere Russland 2008.

Das Territorium der UdSSR umfasste mit 22,4 Millionen Quadratkilometern fast ein Sechstel des Festlandes der Erde. In West-Ost-Richtung erstreckte es sich vom Schwarzen Meer und der Ostsee bis zum Pazifischen Ozean über fast 10.000 Kilometer. Von Norden nach Süden hatte es eine Ausdehnung von fast 5.000 Kilometern. Die Sowjetunion berührte 11 der 24 Zeitzonen der Erde.

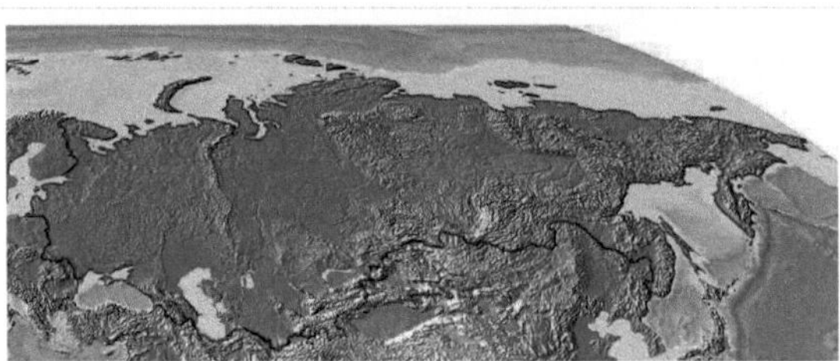

Physische Karte der Sowjetunion

Auf ihrem Territorium verfügte die Sowjetunion über Kohle und Eisenerz als mineralische Rohstoffe, Erdöl und Erdgas als Energieträger und Rohstoffe der petrochemischen Industrie, Bunt- und Edelmetalle, Wasserkraft und landwirtschaftlich nutzbare Böden, darunter die fruchtbaren Schwarzerdeböden der Ukraine. Damit verfügte das Land über alle natürlichen Ressourcen, die eine industrialisierte Volkswirtschaft braucht.

Die naturräumlichen Gliederung der Sowjetunion spannte sich von den Gebieten ewigen Eises im Norden bis zu den Wüstengebieten in Zentralasien. Dabei machte der Anteil von Eiswüste und Tundra im Norden acht Prozent der Gesamtfläche, der Anteil der Wüste und Halbwüste im Süden zehn Prozent der Gesamtfläche, der der Waldgebiete 30 Prozent aus.

Fast die Hälfte des Gebiets der Sowjetunion war Dauerfrostboden, der im Sommer nur kurz und relativ flach auftaut. Dadurch war die Siedlung mit dem Bau von Häusern, der Anlage der Wasserversorgung und der Errichtung einer klimageeigneten Infrastruktur aufwendig, teuer und schwierig. 27 Prozent des Staatsgebietes waren landwirtschaftlich nutzbar. Damit lag der Anteil deutlich unter denen der USA, dessen landwirtschaftliche Nutzfläche 45 Prozent betrug. Der Anteil des Ackerlandes lag bei zehn Prozent (USA: 20 Prozent).

Bevölkerung

Nach dem Stand der letzten Volkszählung von 1988 hatte die Sowjetunion in ihren 15 Unionsrepubliken 286,717 Mio. Einwohner. Die Russische SFSR (Russische Sozialistische Föderative Sowjetrepublik) war sowohl flächen- als auch bevölkerungsmäßig die größte, und in politischer und wirtschaftlicher Hinsicht die dominierende Unionsrepublik.

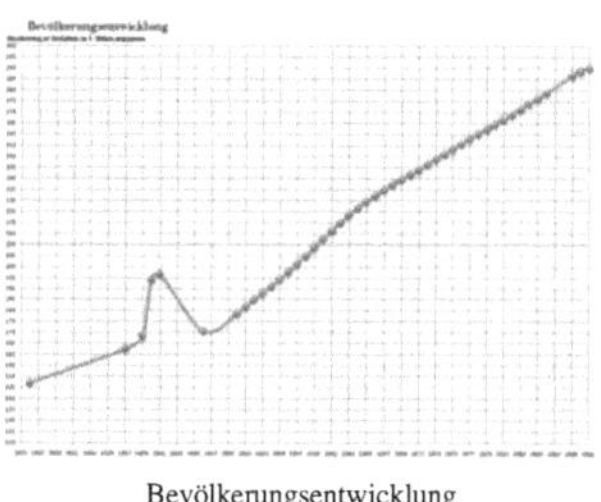

Bevölkerungsentwicklung

Entwicklung

Bevölkerungsentwicklung

Republik	1913	1926	1939	1950	1959	1966	1970	1973	1979	1987	1988/89[4]	1991
Russische SFSR (RSFSR)	89.900*	92.737	108.379		117.534	126.561	130.079	132.151	137.410	145.311	147.386	148.548
Ukrainische SSR	35.210	29.515	40.469		41.869	45.516	47.127	48.243	49.609	51.201	51.704	51.944
Weißrussische SSR	6899	4983	8910		8055	8633	9002	9202	9533	10.078	10.200	10.260
Usbekische SSR	4366	4660	6440		8261	10.581	11.960	12.902	15.389	19.026	19.906	20.708
Kasachische SSR	5565	6037	5990		9154	12.129	12.849	13.705	14.684	16.244	16.538	16.793
Georgische SSR	2601	2677	3540		4044	4548	4686	4838	4993	5266	5449	5464
Aserbaidschanische SSR	2339	2314	3205		3698	4660	5117	5420	6027	6811	7029	7137
Litauische SSR			2880		2711	2986	3128	3234	3392	3641	3690	3728
Moldauische SSR	2056	242	2452	2290	2885	3368	3569	3721	3950	4185	4341	4366
Lettische SSR			1885		2093	2262	2364	2430	2503	2647	2681	2681
Kirgisische SSR	864	1002	1458		2066	2652	2933	3145	3523	4143	4291	4422
Tadschikische SSR	1034	1032	1484		1981	2579	2900	3194	3806	4807	5112	5358
Armenische SSR	1000	881	1282		1763	2194	2492	2672	3037	3412	3283	3376
Turkmenische SSR	1042	998	1252		1516	1914	2159	2364	2765	3361	3534	3576
Estnische SSR			1052		1197	1285	1356	1405	1465	1556	1573	1582
Insgesamt	159.200	147.028	190.678	178.500	208.827	231.868	241.720	248.626	262.085	281.689	286.717	289.943

*) Bevölkerungszahlen in 1000[5]

Religion

Die Staatsdoktrin der Sowjetunion war atheistisch. Die Ausübung der Religion war zeitweise verboten oder unterlag umfangreichen staatlichen Einschränkungen, so gab es z. B. Gesetze gegen das öffentliche Singen religiöser Lieder.

Gehörten um 1920 noch etwa 90 % der Russen der Russisch-Orthodoxen Kirche an, so sank die Zahl bis 1940 auf unter 30 %. Viele Gläubige waren Repressalien ausgesetzt, wurden gefoltert, erschossen oder nach Sibirien verbannt.

Unter der Führung Lenins wurden von der Sowjetregierung Dekrete und Gesetze („Dekret über die Gewissensfreiheit, die kirchlichen und religiösen Vereinigungen" vom Januar/Februar 1918 sowie Liquidierungsgesetz vom 27. Juli 1918, vorgelegt vom Volkskommissar für Justiz Pjotr Stutschka) erlassen, die auf dem Papier Religionsfreiheit gewährten, dabei aber die Kirchen enteigneten. Tatsächlich wurden die Kirchen als Vertreter der alten Ordnung und ihre Anhänger als Konterrevolutionäre gesehen. In der Folge kam es zu Massenhinrichtungen von Priestern der Russisch-Orthodoxen Kirche.[6] [7] [8]

Unter Josef Stalin wurden tausende Priester in Arbeitslager (Gulag) deportiert. Ebenso wurden in Zentralasiatischen Republiken, wo mehrheitlich Muslime lebten, die meisten Moscheen geschlossen und die Religionsausübung ebenfalls verboten.

In Sibirien, vor allem südlich des Baikalsees, leben außerdem zahlreiche Buddhisten. Auch große Teile der koreanischen Minderheit bekannten sich zum Buddhismus.

Während des Zweiten Weltkrieges wurde die strenge staatliche antireligiöse Haltung etwas gelockert. Einige Bischöfe und Priester wurden aus der Haft entlassen. Es wurden einige geistliche Hochschulen sowie Kirchen und Klöster wieder geöffnet. Nach der Machtübernahme von Nikita Chruschtschow wurde eine neue Welle des antireligiösen Kampfes ausgelöst. Chruschtschow versprach, den letzten Priester der Sowjetunion bald im Fernsehen zu zeigen. Unter Michail Gorbatschow in den späten 1980er Jahren wurde die staatliche Haltung wieder etwas lockerer, bis schließlich mit dem Zusammenbruch von der Sowjetunion die Religionsfreiheit kam.

Geschichte

1917 bis 1922: Oktoberrevolution und Bürgerkrieg

Wladimir Iljitsch Lenin

Die Führung des zaristischen Russlands wurde mit der Februarrevolution 1917 entmachtet. Die wenige Monate später von den Bolschewiki unter der Führung von Lenin initiierte Oktoberrevolution führte zur Ausrufung der „Russischen Sowjetrepublik". Nach dem Sieg der Bolschewiki im Russischen Bürgerkrieg wurde im Dezember 1922 die *Union der Sozialistischen Sowjetrepubliken* (kurz *Sowjetunion*) gegründet, die einen Großteil der Territorien des zerfallenen Russischen Reiches wieder zu einem Staat vereinte. In der Sowjetunion wurde eine zentralwirtschaftliche nachholende Industrialisierung durchgeführt. Ein vorher in vielen Bereichen rückständiges Bauernland, in dem zum Teil mittelalterliche, feudale Produktionsverhältnisse herrschten, sollte innerhalb von 20 Jahren zu einer Industriemacht und zum militärischen Ausgangspunkt der Weltrevolution umgestaltet werden. Dies geschah durch den forcierten, in seiner Ausführung berserkerartigen Aufbau der Schwerindustrie von 1928 an. Die ideologische Macht der Partei sollte durch umfassende Alphabetisierungskampagnen unter der Bevölkerung gefestigt werden.

Durch die Bekämpfung ihrer Gegner („Konterrevolutionäre") während der Revolution und des nachfolgenden Bürgerkrieges (1917–1921) entstand eine katastrophale wirtschaftliche Lage. 1921 wurde eine Neue Ökonomische

Politik (NEP) eingeführt, die eine Reihe marktwirtschaftlicher Zugeständnisse enthielt.

1924 bis 1939: Stalinscher Terror

Lenins Tod am 21. Januar 1924 führte zu einem erbitterten Nachfolgekampf, in dem sich Josef Stalin, seit 1922 Generalsekretär der Kommunistischen Partei, gegen Leo Trotzki durchsetzte. Stalin festigte seine Macht durch gezielten Terror von 1926 bis 1927 gegen seine Widersacher von „links“ (Leo Trotzki, Grigori Sinowjew und Lew Kamenew) und von 1929 bis 1930 gegen die von „rechts“ (u. a. Nikolai Bucharin) sowie jeden, der im Verdacht stand, mit ihnen zu sympathisieren.

Josef Wissarionowitsch Stalin auf einer DDR-Briefmarke

Ab 1928 wurde die staatliche Wirtschaft Fünfjahrplänen unterworfen, die Industrialisierung und Infrastruktur, speziell im asiatischen Teil des Landes, vorangetrieben und die Landwirtschaft kollektiviert; Sowchosen und Kolchosen wurden gebildet. Der Widerstand der reicheren und mittleren Bauern, als „Kulaken“ diffamiert, wurde von 1929 bis 1933 in der sogenannten Entkulakisierung durch vielfältige Repressionen wie Verhaftungen, Enteignungen, Massendeportationen und Exekutionen rücksichtslos gebrochen. Die Folgen einer riesigen Hungersnot an der Wolga, in der Ukraine und im ganzen Land kostete mehreren Millionen Menschen das Leben; genaue Opferzahlen sind nicht bekannt.

Seit 1935 eskalierte Stalin die Verfolgungen und Deportationen von Bürgern, die dem System scheinbar oder tatsächlich im Wege standen. Durch die „Stalinschen Säuberungen“ (russisch „Tschistki“) von 1936 bis 1940 wurde ein systematischer Terror gegen die Menschen betrieben, die angeblich gegen das kommunistische Regime Stalins konspirierten. Die Säuberungsaktionen waren oft als gerichtliche Verfolgung getarnt und durch unter Folter erpresste Geständnisse begründet (Schauprozess). Es wurden ganze Völker der Sowjetunion, ethnische Minderheiten, in Arbeitslager (Gulag) deportiert. „Kulaken“, Priester und Mönche, kirchliche Laien, Großteile der militärischen Führungsspitze, führende Mitglieder der Partei und selbst Angehörige der Opfer wurden ermordet.

Das antikommunistische *Schwarzbuch des Kommunismus* gibt bis zu 20 Millionen Opfer für diese Zeit an.

1939 bis 1945: Zweiter Weltkrieg

Am 1. September 1939 begann mit dem Polenfeldzug durch das Deutsche Reich der Zweite Weltkrieg. Am 17. September 1939 marschierte die Rote Armee in Polen ein. Gemäß dem geheimen Zusatzprotokoll zum Deutsch-sowjetischen Nichtangriffspakt (dem sogenannten „Hitler-Stalin-Pakt“) besetzte die Sowjetunion nach der Niederlage Polens die Osthälfte Polens mit der Begründung, die Völker der Weißrussen und Ukrainer gegen eine deutsche Bedrohung schützen zu wollen. Am 28. September 1939 jedoch schloss die Sowjetunion bereits mit dem Deutschen Reich einen Grenz- und Freundschaftsvertrag und am 10. Februar 1940 ein Wirtschaftsabkommen ab. Die Gründe für den Hitler-Stalin-Pakt sind in der Geschichtsforschung umstritten (Einfluss in Osteuropa, Absicherung gegen einen Angriff Deutschlands).

Gedenkstätte für die Blockade von Leningrad (heute St. Petersburg)

Ab dem 30. November 1939 führte die Sowjetunion Krieg gegen Finnland, das Teile seines Staatsgebietes in Karelien abtreten musste; die Karelo-Finnische Sozialistische Sowjetrepublik entstand. Die Sowjetunion wurde aus dem Völkerbund ausgeschlossen. Im Juni 1940 annektierte sie die drei baltischen Staaten Estland, Lettland und Litauen sowie die rumänischen Gebiete Bessarabien (das spätere Moldawien) und die Bukowina.

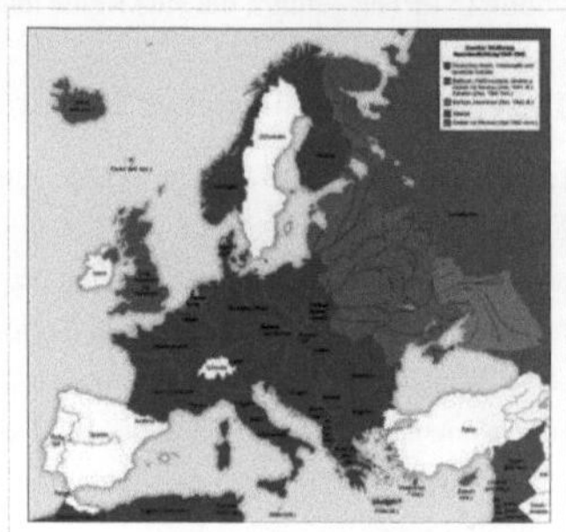

Zweiter Weltkrieg – der Krieg in der Sowjetunion 1941 bis 1942

Unter dem Decknamen „Unternehmen Barbarossa“ begann die Wehrmacht am 22. Juni 1941 den Krieg gegen die Sowjetunion, der im russischen Geschichtsbewusstsein als „Großer Vaterländischer Krieg“ bezeichnet wird. Am 24. August 1941 besetzte die Sowjetunion zusammen mit Großbritannien das bis dahin neutrale Persien. Trotz wechselseitigem Misstrauen wurde in den Konferenzen von Teheran und Jalta auch formell eine Koalition zwischen der UdSSR, Großbritannien und der USA gegen Deutschland erreicht.

Im Kampf gegen die Wehrmacht trug die Sowjetunion die Hauptlast. Sie ging aus dem Zweiten Weltkrieg kriegsverwüstet und geschwächt, jedoch auch als Sieger- und Weltmacht hervor. In der Potsdamer Konferenz versuchten sich die Siegermächte in Europa auf eine Nachkriegsordnung zu einigen, was jedoch nur zum Teil gelang. Die Koalition zerbrach am gegenseitigen Misstrauen und auf Grund der unterschiedlichen Gesellschaftsordnungen, der Ost-West-Konflikt – der Kalte Krieg – begann.

1945 bis 1985: Kalter Krieg

Nach dem Zweiten Weltkrieg sicherte die Sowjetunion den gewonnenen territorialen Machtbereich. Das im Hitler-Stalin-Pakt vereinbarte sowjetische Interessengebiet in Ostpolen sowie das gesamte Baltikum schloss die UdSSR dauerhaft ihrem Staatsgebiet an. Albanien (1948–1961), Bulgarien, Polen, Rumänien, Ungarn, Tschechoslowakei und die 1949 gegründete DDR gerieten in den Machteinfluss der Sowjetunion und wurden als Satellitenstaaten kommunistisch regierte „Volksdemokratien“.

Nikita Chruschtschow (rechts) mit Richard Nixon *(Kreml, Moskau im Juli 1959)*

1953, nach Stalins Tod, wurde Nikita Chruschtschow Erster Sekretär der KPdSU. 1956, auf dem XX. Parteitag der KPdSU sprach er sich in einer Geheimrede gegen den Stalinismus aus. Er versuchte eine Wende in der sowjetischen Politik mit einer vorsichtigen Liberalisierung („Tauwetter-Periode") zu erreichen. Der Ungarische Volksaufstand wurde jedoch 1956 von der Roten Armee blutig niedergeschlagen.

Trotz intensiverer diplomatischer Kontakte zu den USA ging der Kalte Krieg weiter. Die Mitgliedstaaten von NATO und Warschauer Pakt rüsteten unvermindert gegeneinander auf. Die Kuba-Krise von 1962 brachte die Welt an den Rand eines Atomkrieges. Auf Druck der USA zog Chruschtschow die zur Stationierung auf der Karibikinsel vorgesehenen Atomraketen ab und verhinderte die drohende Eskalation.

Im Herbst 1957 begann die prestigeträchtige „Eroberung des Weltalls“: mit Sputnik 1 wurde der erste künstliche Satellit in die Erdumlaufbahn gebracht und noch im gleichen Jahr gelang es den sowjetischen Wissenschaftlern, mit dem Hund Laika das erste Lebewesen in den Weltraum zu befördern. 1961 glückte Juri Gagarin mit Wostok 1 der erste Flug eines Menschen in das Weltall.

Leonid Iljitsch Breschnew (1974 in Wladiwostok)

1964 wurde Chruschtschow durch den konservativen Leonid Breschnew als Erster Sekretär (1966 Generalsekretär) ersetzt. Reformversuchen in anderen kommunistischen Staaten widersetzte sich das Regime vehement. 1968 wurde mit dem Einmarsch von Panzern der Warschauer-Pakt-Staaten die Freiheitsbewegung des Prager Frühling in der Tschechoslowakei niedergeschlagen. Auch die Verhängung des Kriegsrechts in der Volksrepublik Polen 1980 (Niederschlagung der Reformbewegung der Gewerkschaft Solidarność) geschah unter dem Druck Moskaus. Die UdSSR unterzeichnete jedoch 1975 das KSZE-Abkommen.

Sowjetische Briefmarke von 1981, auf der linken Seite Lenin, auf der rechten Seite Breschnew-Zitat

1979 eskalierte mit dem Einmarsch sowjetischer Truppen (bis zu 100.000 Soldaten) der Bürgerkrieg in Afghanistan; es entstand eine neue weltpolitische Krisenzone. Das Land wurde verwüstet, seine Infrastruktur zerstört. Durch die Kämpfe zwischen Regierungstruppen und Mudschaheddin wurden große Flüchtlingswellen ausgelöst; ca. 1,2 Millionen afghanische Todesopfer und ca. fünf Millionen Flüchtlinge waren die Folge. Afghanistans Staatspräsident Mohammed Nadschibullah setzte 1986 auf einen Kurs der nationalen Versöhnung. Michail Gorbatschow hielt das sowjetische Engagement in Afghanistan für zu kostspielig und verlustreich. 1988 bis 1989 wurden die sowjetischen Truppen abgezogen. Die siegreichen Mudschaheddin, von den US-amerikanischen und pakistanischen Geheimdiensten CIA und ISI organisiert und ausgerüstet, übernahmen die Macht, um sich erneut in bürgerkriegsähnliche Kämpfe zu verstricken. In dieser Lage konnten sich die radikal-islamischen Taliban von Pakistan aus in einem raschen Vorstoß in weiten Teilen des Landes durchsetzen und errichteten Mitte der 1990er einen islamischen Gottesstaat.

1985 bis 1991: Reformen und Auflösung der Sowjetunion

Michail Gorbatschow (2007)

Die wirtschaftliche Entwicklung der Sowjetunion zeigte seit Anfang der achtziger Jahre einschneidende Wachstumsrückgänge. Ab 1985 wurden vom neu gewählten Generalsekretär Michail Gorbatschow erste Reformen eingeleitet. Durch Perestrojka (Umbau) und Glasnost (Offenheit) sollte der Realsozialismus reformiert werden und zu neuem, kritischen Denken führen. Dadurch wurden die Probleme des Systems offen zutage getreten, deren öffentliche Diskussion die Position der Zentralregierung schwächte. Die Entwicklung verselbständigte sich und entglitt zunehmend der Kontrolle der Partei, die nicht reagieren konnte, da dem damit einsetzenden Demokratisierungsprozess der institutionelle Rahmen fehlte. Außenpolitisch wurde eine umfassende Politik der Entspannung und Abrüstung eingeleitet. Die von Gorbatschow initiierten Reformen brachten keine Wachstumssteigerung. Weder konnte die Weiterentwicklung der Industrie in großen Kombinaten gefördert werden, noch zogen die wachsenden Investitionsanteile des Agrarsektors eine bessere Lebensmittelversorgung der Bevölkerung nach sich. Die zunehmende Wirtschaftskorruption entzogen der Staatswirtschaft wichtige Ressourcen.

Die durch die politischen und wirtschaftlichen Umbrüche entstandenen Unsicherheit wurden durch natürliche (*vgl.* Erdbeben von Spitak am 7. Dezember 1988) und technogene Katastrophen verstärkt. 1986 ereignete sich in der Ukraine mit der Katastrophe von Tschernobyl eine schwere nukleare Havarie. Dies zeigte, dass die entwickelten Technologien unter den gegebenen sozio-ökonomischen Bedingungen nicht mehr ausreichend beherrschbar waren. Dazu kamen schleichende Umweltbelastungen, die zur Destabilisierung beitrugen:

- Die Austrocknung des Aralsees,
- die flächenhafte Boden- und Vegetationskontamination durch auslaufendes Erdöl in Westsibirien und die
- Luftverschmutzung über allen großen Industriestädten.

Im Nationalitätengefüge der Sowjetunion entstanden ebenso Destabilisierungen. Im Dezember 1986 kam es erstmals nach der Ära Breschnew zu schweren ethnischen Konflikten (*vgl.* Scheltoksan-Unruhen), als der kasachische Parteichef Dinmuchamed Kunajew infolge eines gravierenden Korruptionsverdachts durch den von Moskau an die Spitze Kasachstans gesetzten Russen Gennadi Wassiljewitsch Kolbin ersetzt wurde. Anfang 1988 begann der armenisch-aserbaidschanische Bergkarabachkonflikt, aus der sich der erste Krieg zwischen Nachfolgestaaten der Sowjetunion entwickelte. Es folgten innerhalb kurzer Zeit die Entstehung einer Vielzahl von neuen Nationalitätenkonflikten innerhalb der Sowjetunion.

Der Bruch der Randstaaten der Sowjetunion mit dem Moskauer Zentrum ging weniger vom Volk der in Vielzahl entstandenen kleinräumigen Krisenzentren aus, sondern von den politischen Führungen der Unionsrepubliken. Es waren die sich auf ihre nationale Identität berufenden baltischen Republiken, die den Anfang machten. 1990 und 1991 erklärten Litauen, Lettland und Estland ihre Unabhängigkeit. Am 19. August 1991, einen Tag bevor Gorbatschow und eine Gruppe der Staatenführer der Republiken einen neuen Unionsvertrag unterzeichnen wollten, versuchte eine Gruppe hoher Funktionäre die Macht in Moskau zu ergreifen. Bereits am 21. August war der Putsch am Widerstand der Bevölkerung unter Führung von Boris Jelzin gescheitert. Durch den Augustputsch war die Sowjetunion endgültig zerfallen. Die offizielle Auflösung erfolgte jedoch erst zum 26. Dezember 1991, dem Tag der Hinterlegung der Ratifikationsurkunden zum Abkommen von Alma-Ata, durch Beschluss des Obersten Sowjets (wobei selbst unter den einzelnen Nachfolgerepubliken der ehemaligen UdSSR hierbei Uneinigkeit besteht),[9] womit zum 31. Dezember 1991 die Existenz der Sowjetunion offiziell endete.

Nach dem Putsch wurde die KPdSU durch Dekret verboten. Jelzin übernahm die Kontrolle über die Medien und der Schlüsselministerien. Gorbatschow trat als Generalsekretär der KPdSU zurück, blieb jedoch bis zum 25. Dezember 1991 Staatspräsident, als er die Amtsgeschäfte an den Präsidenten der Russischen Föderation, Boris Jelzin, übergab.

Am Abend wurde die rote Flagge der Sowjetunion mit Hammer und Sichel vom Dach des Hauses des Ministerrates im Moskauer Kreml eingeholt und die weiß-blau-rote Flagge Russlands aufgezogen.[10] [11] Die Unionsrepubliken erklärten ihre Unabhängigkeit von der UdSSR. Schließlich beschlossen elf von ihnen – die baltischen Staaten und Georgien waren nicht zugegen – am 21. Dezember 1991 in Alma-Ata die Auflösung der Union (Alma-Ata-Deklaration). Die Sowjetunion ging damit durch Dismembration ihrer bis dahin noch vorhandenen Gliedrepubliken unter, während diese als Nachfolgestaaten des sowjetischen Völkerrechtssubjekts *uno actu* den Status völkerrechtsunmittelbarer Staaten erlangten. Die ehemaligen Unionsrepubliken schlossen sich daraufhin in der Gemeinschaft Unabhängiger Staaten (GUS) zusammen. Gleichwohl aber erklärte sich die Russische Föderation, die wiederum völkerrechtlich identisch zur RSFSR ist,[12] ausdrücklich zum „Fortsetzerstaat“[13] der UdSSR, was die Übernahme aller völkerrechtlichen Rechte und Pflichten einbezog – einschließlich des sowjetischen Sitzes im Sicherheitsrat der Vereinten Nationen – und von ihr in weiteren außenpolitischen wie innerstaatlichen Rechtsakten und Erklärungen immer wieder bestätigt worden ist. Unter breiter Zustimmung blieben somit völkerrechtliche Verträge mit dritten Staaten weiterhin in Kraft.[14]

Politik

System

Verfassung

Militärparade auf dem Roten Platz in Moskau am 18. September 1990

Zum ersten Mal wurde 1923 in der gesamten Sowjetunion eine Verfassung erarbeitet, die Sowjetische Verfassung von 1924. Diese wurde 1936 durch die Stalin-Verfassung abgelöst.

Formal war die Sowjetunion ein föderalistischer Staatenbund von Teilstaaten (Unionsrepubliken); faktisch war sie ein zentralistisch regierter und von der Russischen SFSR dominierter Staat. Nominell wurde sie demokratisch durch Räte (russisch Совет/Sowjet) beziehungsweise das Parlament regiert. Die tatsächliche Macht lag aber stets bei der Führung der Kommunistischen Partei der Sowjetunion, die das Land besonders unter Stalin totalitär, später eher autoritär-diktatorisch regierte. Gegen Ende der UdSSR unternahm Michail Gorbatschow unter dem Stichworten *Glasnost* und *Perestroika* Anstrengungen, tatsächliche demokratische Institutionen einzuführen.

Die Regierung der Sowjetunion war nicht nur für die Gesetzgebung, Verwaltung und Gerichtsbarkeit des Landes zuständig, sondern verwaltete auch die Wirtschaft. Die grundlegenden politischen Entscheidungen wurden von der wichtigsten politischen Institution des Landes, der Kommunistischen Partei der Sowjetunion (KPdSU) getroffen.

In den späten 1980ern war der formale Aufbau des Staates ähnlich wie bei westlichen politischen Systemen organisiert. So setzte eine Verfassung alle Staatsorgane ein und garantierte den Bürgern eine Reihe von politischen Rechten und Bürgerrechten. Eine legislative Gewalt, der Kongress der Volksbeauftragten und ein ständiger legislativer Rat, der Oberste Sowjet, als Volksvertretung repräsentierten die Souveränität des Volkes. Der Oberste Sowjet wählte das Präsidium, dessen Vorsitzender auch als Staatsoberhaupt fungierte und überwachte den Rat der Volkskommissare, später der Ministerrat, der als die exekutive Gewalt agierte. Der Vorsitzende des Rates der Volkskommissare, dessen Wahl von der Legislative bestätigt werden musste, war der Regierungschef. Eine verfassungsbasierte Judikative wurde durch ein System von Gerichtshöfen, dessen oberster der Oberste Gerichtshof war, repräsentiert. Der Oberste Gerichtshof war verantwortlich für die Überwachung der Gesetzmäßigkeit der Regierungsinstitutionen. Nach der Verfassung von 1977 hatte das Land eine föderale Struktur, die den einzelnen Teilrepubliken bestimmte souveräne Rechte (z. B. die Entscheidung über Minderheitenpolitik) zusprach.

In der Praxis jedoch wurden viele der Aufgaben der einzelnen Regierungsinstitutionen von der einzigen erlaubten Partei, der KPdSU, wahrgenommen. Die eigentlichen Grundlagen- und Richtlinienentscheidungen wurden von der Partei getroffen und von der Regierung übernommen, die eher die Entscheidungen der Partei ratifizierte als selbst Gesetze beschloss. Eine Reihe verschiedener Mechanismen sorgte dafür, dass die Regierung die Entscheidungen der Partei mittrug. Zwar konnten die Bürger der Sowjetunion sich bei allen Wahlen entscheiden, welchen Kandidaten sie wählten, aber da alle Kandidaten der KPdSU angehören mussten und von der Partei aufgestellt wurden, konnte die Kommunistische Partei alle wichtigen Positionen in der Regierung mit Personen setzen, die der Parteiführung gegenüber loyal waren. Die Personen in Regierungsämtern wurden strikt von der KPdSU überwacht, um zu verhindern, dass sie von der offiziellen Linie abwichen.

Die Hauptaufgabe der Exekutive, des Ministerrats, war die Verwaltung der Wirtschaft. Der Ministerrat war über die gesamte Zeit seines Bestehens mit der Kommunistischen Partei gegenüber loyalen Politikern besetzt, der Vorsitzende des Ministerrats war immer auch ein Mitglied des Politbüros, der zentralen Entscheidungsinstanz der KPdSU. Oft war es auch der Generalsekretär der Partei selbst. Der Vorsitzende hatte eine dominante Stellung gegenüber den anderen Ministern.

Nach der Verfassung von 1978 war das höchste legislative Gremium der Sowjetunion der Kongress der Volksdeputierten. Die wichtigste Aufgabe des Kongresses war die Wahl einer kleineren, ständigen legislativen Versammlung, des Obersten Sowjets mit seinem Vorsitzenden, der gleichzeitig Staatsoberhaupt war. Obwohl der Kongress der Volksbeauftragten theoretisch allein das Recht hatte, Gesetze zu beschließen, trat er nur selten zusammen, um Gesetzesentwürfen der Partei, des Ministerrats und des Obersten Sowjets zuzustimmen. Der Oberste Sowjet hatte das Recht, die geltenden Gesetze der Sowjetunion zu interpretieren und zusammen mit dem Ministerrat Dekrete zu beschließen, falls es in den bestehenden Gesetzen Unklarheiten gab.

Das Rechtssystem unterschied sich von dem in westlichen Staaten gepflegten. Statt dass ein Verteidiger und ein Staatsanwalt für bzw. gegen den Angeklagten argumentierten, arbeitete der Richter mit dem Staatsanwalt und dem Verteidiger zusammen. Dies sollte im Verständnis der Sowjetunion sicherstellen, dass die Prozesse die Wahrheit zu Tage förderten. Gleichzeitig öffnete diese Regelung dem Rechtsmissbrauch Tür und Tor.

Partei

(KPdSU)

Die Kommunistische Partei der Sowjetunion (KPdSU) war als einzige Partei die politische Führung des Landes.

Sie wurde 1918 nach der Oktoberrevolution von Sozialdemokratische Arbeiterpartei Russlands (SDAPR) in Kommunistische Partei Russlands (KPR (B) bzw. RKP(b)) umbenannt. 1925 erhielt sie den Namen Kommunistische Allunions-Partei (WKP(b)). 1952 wurde die Partei in Kommunistische Partei der Sowjetunion umbenannt.

Organisationen

- Die Parteitage der KPdSU (I. bis XXVIII. Parteitag) waren das oberste Organ der KPdSU.
- Das Zentralkomitee der KPdSU (ZK) sollte gemäß den Statuten die Partei führen, verlor unter Stalin vollkommen seine Macht.
- Das Sekretariat des Zentralkomitees leitete die laufende Arbeit des ZKs. Es war das Machtzentrum der Partei.
- Das Politbüro (von 1952 bis 1966 Präsidium genannt) wurde vom ZK gewählt. Es war Führungsgremium der Partei und somit des Staates.
- Der Generalsekretär, zeitweise von 1952 bis 1964 auch als Erster Sekretär bezeichnet, war der Parteiführer und zur Stalinzeit der unumschränkte Machtinhaber von Partei und Staat.

Parteiführer

Die Parteiführer der Bolschewiki der SDAPR bis 1918, dann der Kommunistischen Partei Russlands (B) (1918–1925) bzw. der KPdSU bis 1991, waren nach dem Verständnis der Partei und des Staates die eigentlichen Machthaber der Sowjetunion:

	Name	Beginn der Amtszeit	Ende der Amtszeit
	Wladimir Iljitsch Lenin*	17. November 1903	21. Januar 1924
	Josef Wissarionowitsch Stalin	3. April 1922	5. März 1953
	Georgi Maximilianowitsch Malenkow	5. März 1953	13. März 1953
	Nikita Sergejewitsch Chruschtschow	7. September 1953	14. Oktober 1964
	Leonid Iljitsch Breschnew	14. Oktober 1964	10. November 1982
	Juri Wladimirowitsch Andropow	12. November 1982	9. Februar 1984
	Konstantin Ustinowitsch Tschernenko	13. Februar 1984	10. März 1985
	Michail Sergejewitsch Gorbatschow	11. März 1985	24. August 1991

* Lenin war lediglich informell Oberhaupt der Kommunistischen Partei; 1922/24 bis 1953 und 1966 bis 1991 lautete die Amtsbezeichnung *Generalsekretär*; 1953 bis 1966 *Erster Sekretär*.

Staatsführung

Staatsoberhaupt

Die Staatsoberhäupter der Sowjetunion (bis 1922 Sowjetrussland) hatten bis 1990 nur ein rein repräsentatives Amt wahrzunehmen. 1922–1938: Vorsitzender des Zentralen Exekutivkomitees, 1938–1946: Unionsältester, 1946–1989: Vorsitzender des Präsidiums des Obersten Sowjets, 1989–1990: Vorsitzender des Obersten Sowjets, 1990–1991: Staatspräsident

	Name	Beginn der Amtszeit	Ende der Amtszeit
	Lew Borissowitsch Kamenew	9. November 1917	21. November 1917
	Jakow Michailowitsch Swerdlow	21. November 1917	16. März 1919
	Michail Iwanowitsch Kalinin	30. März 1919	19. März 1946
	Nikolai Michailowitsch Schwernik	19. März 1946	15. März 1953
	Kliment Jefremowitsch Woroschilow	15. März 1953	7. Mai 1960
	Leonid Iljitsch Breschnew	7. Mai 1960	15. Juli 1964
	Anastas Hovhannessi Mikojan	15. Juli 1964	9. Dezember 1965
	Nikolai Wiktorowitsch Podgorny	9. Dezember 1965	16. Juni 1977
	Leonid Iljitsch Breschnew	16. Juni 1977	10. November 1982
	Juri Wladimirowitsch Andropow	16. Juni 1983	9. Februar 1984

	Konstantin Ustinowitsch Tschernenko	11. April 1984	10. März 1985
	Andrei Andrejewitsch Gromyko	2. Juli 1985	1. Oktober 1988
	Michail Sergejewitsch Gorbatschow	1. Oktober 1988	25. Dezember 1991

Ministerrat

Der Ministerrat der UdSSR war die Regierung der Sowjetunion. Die Regierung hieß ab 1917 *Rat der Volkskommissare* und wurde in der Stalinzeit 1946 in Ministerrat umbenannt.

Der Ministerrat bestand aus dem Vorsitzenden (zumeist als Ministerpräsident benannt), dem oder den Ersten Stellvertretenden Vorsitzenden, den Stellvertretenden Vorsitzenden, den Ministern, den Vorsitzenden von Kommissionen, Komitees oder Leitern von Ämtern, den Vertretern der Staatsplanung (seit 1929 auch Gosplan genannt) und den Vorsitzenden der Ministerräte der 15 Unionsrepubliken.

Regierungschef

1917–1946: Vorsitzende des Rates der Volkskommissare, 1946–1991: Vorsitzende des Ministerrates, 28. August 1991–25. Dezember 1991: Ministerpräsident der UdSSR und Vorsitzender des Interrepublikanischen Wirtschaftskomitees

	Name	Beginn der Amtszeit	Ende der Amtszeit
	Wladimir Iljitsch Lenin	8. November 1917	21. Januar 1924
	Alexei Iwanowitsch Rykow	23. Januar 1924	19. Dezember 1930
	Wjatscheslaw Michailowitsch Molotow	19. Dezember 1930	6. Mai 1941
	Josef Wissarionowitsch Stalin	6. Mai 1941	5. März 1953
	Georgi Maximilianowitsch Malenkow	6. März 1953	8. Februar 1955
	Nikolai Alexandrowitsch Bulganin	8. Februar 1955	27. März 1958

	Nikita Sergejewitsch Chruschtschow	27. März 1958	15. Oktober 1964
	Alexei Nikolajewitsch Kossygin	15. Oktober 1964	23. Oktober 1980
	Nikolai Alexandrowitsch Tichonow	23. Oktober 1980	27. September 1985
	Nikolai Iwanowitsch Ryschkow	27. September 1985	14. Januar 1991
	Walentin Sergejewitsch Pawlow	14. Januar 1991	22. August 1991
	Iwan Stepanowitsch Silajew	6. September 1991	25. Dezember 1991

Menschenrechte

Die Sowjetunion war von ihrer Gründung bis zu ihrer Auflösung ein Polizeistaat, in dem sich kaum ein Aspekt des täglichen Lebens der staatlichen Überwachung entzog. Die Meinungs- oder Reisefreiheit existierten zwar auf dem Papier, nicht aber in der Praxis. Es musste für fast jede bedeutende Tätigkeit eine Bewilligung der Obrigkeit eingeholt werden. Die Behörden, voran der Geheim- und Staatssicherheitsdienst KGB, überwachten das öffentliche und private Leben der Sowjetbürger intensiv; Dissidenten waren von staatlichen Repressalien und schweren Strafen bis hin zur Deportation ins Straflager („Gulag") bedroht.

Diese totalitären Kontroll- und Zwangsmaßnahmen erfolgten am intensivsten unter Stalin und Breschnew, während später, vor allem unter der Glasnost Gorbatschows, auch begrenzte kulturelle, politische und persönliche Freiräume entstanden. In der Nach-Stalin-Ära entstand ein antisowjetischer Untergrund, der sich unter anderem über verbotene Literatur („Samisdat") und den politischen Humor (*vgl.* Radio Eriwan) am Leben hielt.

Außenpolitik

Die Außenminister (vor dem 16. März 1946 Volkskommissare) waren Trotzki, Joffe, Radek, Tschitscherin, Litwinow, Molotow (zwei Mal), Wyschinski, Schepilow, Gromyko, Schewardnadse (zwei Mal), Bessmertnych und Pankin

Mitgliedschaften in internationalen Organisationen

- Vereinte Nationen: Die Sowjetunion war seit 1945 Gründungsmitglied der UNO. Sie hatte ein besonderes Vetorecht im Sicherheitsrat der UNO.
- Nebenorganisationen der UNO (Internationale Atomenergieorganisation, Internationale Zivilluftfahrt-Organisation, Internationale Arbeitsorganisation, Internationale Seeschifffahrts-Organisation, Internationale Fernmeldeunion, UNESCO, Weltpostverein, Welthandels- und Entwicklungskonferenz, Ausbildungs- und Forschungsinstitut der Vereinten Nationen, Weltgesundheitsorganisation, Weltorganisation für geistiges Eigentum, Weltorganisation für Meteorologie)
- Die Weißrussische SSR und die Ukrainische SSR waren seit 1945 separate Mitglieder der UNO und der meisten Nebenorganisationen der UNO.
- Warschauer Pakt – WVO: Verteidigungsbündnis der Ostblockstaaten seit 1955
- Rat für gegenseitige Wirtschaftshilfe (seit 1949)
- Konferenz über Sicherheit und Zusammenarbeit in Europa (seit 1975) sowie KVAE

- Weitere Mitgliedschaften: Wirtschaftskommission für Europa, Wirtschafts- und Sozialkommission für Asien und den Pazifik, ICCO, Interparlamentarische Union, Interpol, Internationales Olympisches Komitee

Verhältnis zu Deutschland

Ein wichtiger Schritt aus der selbst gewählten Isolierung bildete der Ausgleich mit Deutschland im Vertrag von Rapallo von 1922, das die UdSSR als erster ausländischer Staat diplomatisch anerkannte. Erst am 18. September 1934 trat die Sowjetunion dem Völkerbund bei.

Das Verhältnis zum nationalsozialistischen Regime in Deutschland war von Anfang an sehr gespannt. Die aggressive Außenpolitik Adolf Hitlers und seine Herabwürdigung der slawischen Völker als „Untermenschen", ebenso wie seine extreme Feindschaft zum Kommunismus, beeinträchtigten die deutsch-sowjetischen Beziehungen sehr stark. Um Teile von Polen annektieren zu können, schlossen die Sowjetunion und Deutschland am 23. August 1939 den deutsch-sowjetischen Nichtangriffspakt. In einem geheimen Zusatzprotokoll zu diesem Vertrag legten beide sodann ihre Interessenssphären in Osteuropa fest.

Mit einer Erklärung der sowjetischen Regierung vom 25. März 1954 nahm die UdSSR, nach dem Scheitern der Außenministerkonferenz der vier Besatzungsmächte in Berlin (25. Januar–18. Februar 1954), mit der Deutschen Demokratischen Republik „die gleichen Beziehungen auf wie mit anderen souveränen Staaten" und gewährte ihr am 20. September 1955 in inneren und äußeren Angelegenheiten die staatliche Souveränität. Der Anteil an der Viermächte-Verantwortung für Gesamtdeutschland wurde hierbei ausdrücklich betont.[15] Die drei Westmächte hielten dagegen bereits am 8. April 1954 fest, dass sie auch „weiterhin die Sowjetunion als die verantwortliche Macht für die sowjetische Zone Deutschlands betrachten". So behielt sich auch das sowjetische Oberkommando ohne Mitspracherecht der DDR vor, „im Falle der Bedrohung der Sicherheit" alle Maßnahmen zu ergreifen, die es für notwendig erachtete. Nachdem am 25. Januar 1955 der Kriegszustand mit Deutschland für beendet erklärt wurde, kehrten die letzten deutschen Soldaten aus sowjetischer Kriegsgefangenschaft zurück. Daraufhin unterhielt die Sowjetunion ab September 1955 diplomatische Beziehungen zur Bundesrepublik Deutschland, da diese darin auch ein mögliches Mittel zur Überwindung der Spaltung und zur Wiederherstellung der Einheit Deutschlands sah.[16]

Verhältnis zur Dritten Welt

Nachdem sich die Sowjetunion von den eurozentristischen und xenophoben[17] Perspektiven der 1930er und 40er Jahre befreit hatte, bemühte sie sich seit Mitte der 1950er Jahre, Beziehungen zur durch Dekolonisierung entstandenen Dritten Welt aufzubauen. Als Motiv kann dabei gesehen werden, die blockfreien Länder an das sowjetische Herrschaftssystem anzubinden.[18] Chruschtschows symbolträchtige Besuche in Indien, Burma und Afghanistan 1955, das Austragen des Weltfestivals der Jugend in Moskau 1957 und die Gründung der Universität für Völkerfreundschaft 1960 sind Ergebnisse dieser Politik. Der Mangel an Afrikanern, Südasiaten und Lateinamerikanern, die in der Sowjetunion lebten, und ein fast vollständiges Fehlen von Personen, deren Reiseaktivität die Allianz zwischen UdSSR und Dritter Welt hätte aufrechterhalten können, erschwerten jedoch den Aufbau langfristiger Beziehungen.[18] Ein weiterer Faktor für den bestenfalls langsam verlaufenden Aufbau außenpolitischer Beziehungen mit Ländern der Dritten Welt war die unzureichende außenwirtschaftliche Hilfe- und Leistungsfähigkeit der Sowjetunion. Dadurch gingen einige politische, ideologische und militärische Anknüpfungspunkte wieder verloren.[19]

Zu Beginn der 1960er Jahre vermehrte die Sowjetunion ihr Engagement für Drittweltstaaten in der UNO. Erstens unterstützte sie einige UN-Entwicklungsprojekte fortan finanziell. Zweitens versuchte sie, die neu in die Vereinten Nationen eingetretenen, dekolonisierten Staaten auf ihre Seite zu ziehen.[20] Beispielhaft hierfür sind Chruschtschows Reden auf der UN-Vollversammlung 1960, in denen er der UN vorwarf, bei der Kongo-Krise den diktatorischen Putschisten Mobutu zu unterstützen. Seine Forderung nach umfangreichen Reformen der UNO fand in den Reihen der neuen Mitgliedstaaten kaum Unterstützung, da diese befürchteten, die Reformen könnten zur Zerstörung einer Institution führen, die ihnen endlich Mitsprache versprach.

Militär

Armee und Marine

Die *Streitkräfte der Sowjetunion* umfassten nach dem Gesetz die Armee, die Marine sowie weitere bewaffnete Formationen. Die Armee entstand nach der Oktoberrevolution von 1917. Ihre Bezeichnung „Rote Armee", russ. Рабоче-крестьянская Красная Армия/*Rabotsche-krestjanskaja Krasnaja Armija (PKKA)*, *Rote Arbeiter- und Bauernarmee*, wurde 1946 offiziell in „Sowjetarmee", russ. Советская Армия/*Sowjetskaja Armija (CA)* geändert.

Verteidigungsminister

Die Verteidigungsminister (vor dem 16. März 1946 Volkskommissare) waren Trotzki, Frunse, Woroschilow, Timoschenko, Stalin, Bulganin (2 Mal), Wassilewski, Schukow, Malinowski, Gretschko, Ustinow, Sokolow, Jasow und Schaposchnikow.

Administrative Gliederung

Die Sowjetunion war als einheitlicher Sowjetstaat formal eine Föderation. Von 1956 bis 1991 gab es 15 nationale sozialistische Räterepubliken (auch *Unionsrepubliken* genannt), die gemäß Artikel 72 auch das Recht hatten, wieder aus der Union auszutreten. Jede Unionsrepublik hatte ihre *eigene* Hauptstadt, jedoch hatte Moskau als überregionale und teilrepubliksübergreifende Hauptstadt der Sowjetunion sowie der RSFSR einen besonderen Status. Die Republiken hatten ihre eigenen Verfassungen, die, wie die Verfassung der gesamten Union, theoretisch die Gewaltenteilung in der Sowjetunion garantieren sollten. In der Praxis hatte die zentrale Regierung jedoch alle wichtigen Befugnisse an sich gezogen und traf Entscheidungen, die von den regionalen Behörden nur ausgeführt wurden.

Die 15 Unionsrepubliken zwischen 1956 und 1991: 1 – Armenische SSR, 2 – Aserbaidschanische SSR, 3 – Weißrussische SSR, 4 – Estnische SSR, 5 – Georgische SSR, 6 – Kasachische SSR, 7 – Kirgisische SSR, 8 – Lettische SSR, 9 – Litauische SSR, 10 – Moldauische SSR, 11 – Russische SFSR, 12 – Tadschikische SSR, 13 – Turkmenische SSR, 14 – Ukrainische SSR, 15 – Usbekische SSR

Innerhalb dieser Republiken gab es sogenannte Autonome Sozialistische Sowjetrepubliken (zum Beispiel Nachitschewan), Autonome Gebiete, zum Beispiel die Jüdische Autonome Oblast oder auch Autonome Kreise. Alle diese Entitäten trugen theoretisch Staatscharakter, die auch innerhalb der Sowjetunion galten. Verschiedene Interpretationen der sowjetischen Verfassung des Jahres 1977 sind bedeutsam für einige Konflikte im postsowjetischen Raum. Ein Beispiel dafür ist Abchasien als *Abchasische Autonome Republik* oder Bergkarabach, ein mehrheitlich von Armeniern besiedeltes Gebiet innerhalb Aserbaidschans: Nachdem sowohl Armenier als auch Aserbaidschaner Anspruch auf das Gebiet erhoben hatten, wurde am 5. Juli 1921 entschieden, dass es bei der Aserbaidschanischen Sowjetrepublik verbleibt[21] und 1923 die Grenzen des *Autonomen Gebiets Berg-Karabach* festgelegt.[22]

Die Unionsrepubliken von 1991 und heutige Staaten

Unionsrepublik der UdSSR				Heutige Staaten	GUS	NATO	EU	EURASEC	GUUAM	OVKS	SCO
Russische SFSR	1922–56	Russische SFSR	1956–91	Russland	1991	–	–	2002	–	●	1996
Karelo-Finnische SSR	1940–56										
Weißrussische SSR			1922–91	Weißrussland	1991	–	–	2002	–	●	–
Estnische SSR			1940–91	Estland	–	2004	2004	–	–	–	–
Lettische SSR			1940–91	Lettland	–	2004	2004	–	–	–	–
Litauische SSR			1940–91	Litauen	–	2004	2004	–	–	–	–
Moldauische SSR			1940–91	Moldawien	1991	–	–	Beo.	1997	–	–
Ukrainische SSR			1922–91	Ukraine	1991	–	–	Beo.	1997	–	–
Transkaukasische SFSR 1922–36	Armenische SSR		1936–91	Armenien	1991	–	–	Beo.	–	●	–
	Aserbaidschanische SSR		1936-91	Aserbaidschan	1991	–	–	–	1997	–	–
	Georgische SSR		1936–91	Georgien	1993-08	–	–	–	1997	–	–
Kasachische SSR			1936–91	Kasachstan	1991	–	–	2002	–	●	1996
Kirgisische SSR			1936–91	Kirgisistan	1991	–	–	2002	–	●	1996
Tadschikische SSR			1929–91	Tadschikistan	1991	–	–	2002	–	●	1996
Turkmenische SSR			1925–91	Turkmenistan	1991-05	–	–	–	–	–	–
Usbekische SSR			1925–91	Usbekistan	1991	–	–	–	1999–05	–	2001

Legende:

- **Unionsrepublik:** Name der SSR
- **UdSSR:** Mitgliedschaft in der Sowjetunion
- **Heutige Staaten:** Staat, der nach Auflösung(1991) der Sowjetunion entstanden ist oder die Unabhängigkeit von UdSSR erklärt hat
- **GUS:** Mitgliedschaft in der Gemeinschaft unabhängiger Staaten

- **NATO:** Mitgliedschaft in der Nordatlantikvertrag-Organisation
- **EU:** Mitgliedschaft in der Europäischen Union
- **EURASEC:** Mitgliedschaft in der Eurasischen Wirtschaftsgemeinschaft
- **GUUAM:** Mitgliedschaft in der GUAM (Sicherheitsallianz von Georgien, Ukraine, Aserbaidschan und Moldawien)
- **OVKS:** Mitgliedschaft in der Organisation des Vertrags über kollektive Sicherheit
- **SCO:** Mitgliedschaft in der Shanghaier Organisation für Zusammenarbeit
- **Beo.:** Beobachter in EURASEC

Republik	Hauptstadt	Einwohner 1989[23]	%	Einwohner Juli 2007	Δ%	Dichte	Fläche (km²)	%
Russische SFSR	Moskau	147.386.000	51,40 %	141.377.752	–4,0 %	8,6	17.075.200	76,62 %
Ukrainische SSR	Kiew	51.706.746	18,03 %	46.299.862	–10,5 %	85,6	603.700	2,71 %
Usbekische SSR	Taschkent	19.906.000	6,94 %	27.780.059	+39,6 %	44,5	447.400	2,01 %
Kasachische SSR	Almaty	16.711.900	5,83 %	15.284.929	–8,5 %	6,1	2.727.300	12,24 %
Weißrussische SSR	Minsk	10.151.806	3,54 %	9.724.723	–4,2 %	48,9	207.600	0,93 %
Aserbaidschanische SSR	Baku	7.037.900	2,45 %	8.120.247	+15,4 %	81,3	86.600	0,39 %
Georgische SSR	Tiflis	5.400.841	1,88 %	4.646.003	–14,0 %	77,5	69.700	0,31 %
Tadschikische SSR	Duschanbe	5.112.000	1,78 %	7.076.598	+38,4 %	35,7	143.100	0,64 %
Moldauische SSR	Chişinău	4.337.600	1,51 %	4.320.490	–0,4 %	128,2	33.843	0,15 %
Kirgisische SSR	Bischkek	4.257.800	1,48 %	5.284.149	+24,1 %	21,4	198.500	0,89 %
Litauische SSR	Vilnius	3.689.779	1,29 %	3.575.439	–3,1 %	56,6	65.200	0,29 %
Turkmenische SSR	Aşgabat	3.522.700	1,23 %	5.097.028	+44,7 %	7,2	488.100	2,19 %
Armenische SSR	Jerewan	3.287.700	1,15 %	2.971.650	–9,6 %	110,3	29.800	0,13 %
Lettische SSR	Riga	2.666.567	0,93 %	2.259.810	–15,3 %	41,3	64.589	0,29 %
Estnische SSR	Tallinn	1.565.662	0,55 %	1.315.912	–16,0 %	34,6	45.226	0,20 %

Wirtschaft

Die wirtschaftliche Führung lag bei den Zentralorganen der kommunistischen Staatspartei, die über Ziele und Mittel für die Wirtschaft entschieden. Oberstes perspektivisches Ziel war dabei der Aufbau einer kommunistischen Gesellschaft.

Die politischen und wirtschaftlichen Bedingungen unmittelbar nach der Oktoberrevolution von 1917 (Kriegskommunismus) und in den 20er Jahren (Neue Ökonomische Politik) und das Fehlen einer Theorie der zentralen Planung, zwang die Führung zunächst zum ordnungspolitischen Kurswechsel. Ab 1928 wurden unter Josef Stalin die Grundzüge des Sowjetischen Wirtschaftssystems ausgeformt, wobei der Aufbau der Industrie absoluten Vorrang erhielt. Dazu verfestigte die Sowjetunion die Zentralverwaltungswirtschaft. Die Produktion von Gütern wurde nach einem strengen Plan überwacht. Wesentliche Merkmale der Wirtschaft der Sowjetunion waren die verstaatlichten Produktionsmittel und Firmen, die zentrale Steuerung des Wirtschaftsprozesses, die zentrale Festlegung von Preisen und Löhnen und ein stabiles Außenhandelsmonopol. Der Großteil der landwirtschaftlichen Nutzfläche befand sich nun in genossenschaftlichem Besitz, wobei die Landwirtschaft aber genauso der staatlichen Planung unterstand. Die zentrale Planungsbehörde der Sowjetunion, der Gosplan, erarbeitete aufgrund von Prognosen über die gesellschaftlichen Bedürfnisse jeweils einen Plan für meist ein Jahr, der in Mehrjahrespläne (z. B. Fünfjahrplan) eingebunden war. Den einzelnen Betrieben wurden durch diesen Plan genaue Mengen, an die sie sich präzise halten mussten, vorgegeben.

Am 25. Januar 1949 wurde mit den meisten Ostblockstaaten der Rat für gegenseitige Wirtschaftshilfe gegründet. Nach Stalins Tod 1953 wurde mehrfach versucht, den straffen Planzentralismus zu reformieren und den Lenkungsapparat zu reorganisieren (1965 und 1979), ohne jedoch die grundlegenden Ordnungselemente des zentralverwaltungswirtschaftlichen Systems zu verändern.

Die Fehler und Mängel der Planwirtschaft konnten lange durch extensives Wirtschaften ausgeglichen werden, da die Sowjetunion ein riesiges und rohstoffreiches Land war. Ab den 1970ern stieß die jahrelang extensiv betriebene Volkswirtschaft an ihre Grenzen. Die Wachstumsraten fielen und der Unmut der Bevölkerung vergrößerte sich. Es ergaben sich ansteigende Engpässe und Schwierigkeiten im Wirtschaftskreislauf:

- hohe Verluste beim Rohstoff- und Energieeinsatz bei der Produktverarbeitung
- zu langsame Einführung neuer Techniken
- Lebensmittelknappheit
- unzureichendes Konsumgüterniveau
- schlechter Zustand des Wohnungswesens
- unzulängliche Verhältnisse bei den Dienstleistungen.

Hinzu kamen überdimensionierte Ausgaben für das Militär. Die Sowjetunion musste aus ideologischen und machtpolitischen Gründen eine große Streitmacht unterhalten. Um eine militärisch-strategische Parität mit den USA erreichen zu können, gab die Sowjetunion daher für das Militär 18 Prozent ihres Nationaleinkommens aus, während für die Konsumgüterproduktion nur sechs Prozent verwendet wurden.

Währung

Die offizielle Währung der Sowjetunion war der Rubel, der in 100 Kopeken unterteilt wird. Im Jahre 1922 verursachte Wladimir Lenin dem Parteiprogramm entsprechend eine Hyperinflation. Somit verfolgte er das Ziel in der kommunistischen Lehre das Geld schrittweise abzuschaffen oder zumindest dessen Bedeutung einzuschränken, was mit einem Dekret nicht möglich wäre. So entwertete er seinen Zielen entsprechend alles umlaufende Finanzkapital.[24] Nach mehreren Jahren voller militärischer Konflikte, wirtschaftlichen Krisen und Problemen war der Geldverkehr nur auf die nationale Ebene beschränkt. Das bedeutet, dass keine einzige Kopeke das Land mit der Ausnahme von Republikflucht und Schwarzmarkt verlassen konnte.

Ein Rubel aus dem Jahre 1970

Formen des Eigentums

In der Sowjetunion gab es zwei grundlegende Formen des Eigentums; *Individuelles Eigentum* und *Kollektives Eigentum* (gemeinsames Eigentum, in der Praxis genossenschaftliches oder staatliches Eigentum). Diese unterschieden sich stark in ihrem Inhalt und dem rechtlichen Status. Gemäß kommunistischer Theorien konnte Kapital (Produktionsmittel), neben einigen unwesentlichen Ausnahmen, nicht individuell besessen werden. Nach dem Ende der kurzzeitigen Lockerung mit der Neuen Ökonomischen Politik, russisch: НЭП – Новая экономическая политика; NEP – Nowaja ekonomitscheskaja politika, durch Lenin wurde jegliches industrielle Eigentum sowie Bauland gemeines Eigentum des Volkes respektive Eigentum des Staates. Individuelles Eigentum konnte nur *Persönliches Eigentum* sein, das heißt Kapital (Produktionsmittel) war automatisch staatliches oder genossenschaftliches Eigentum.

Landwirtschaft

Die landwirtschaftlich nutzbare Großregion in der Sowjetunion zwischen Sankt Petersburg, Odessa beziehungsweise Rostow am Don im Westen und Krasnojarsk im Osten wurde auch Agrardreieck genannt.

Die landwirtschaftlichen Betriebe wurden u. a. differenziert in

- Sowchosen, also landwirtschaftliche Großbetriebe des Staates und
- Kolchosen, also landwirtschaftliche Großbetriebe, die genossenschaftlich organisiert waren und dessen Bewirtschaftung durch das *sozialistische Kollektiv* der Mitglieder erfolgte.

Kultur und Gesellschaft

Architektur

In der russisch-sowjetischen Kunst- und Architekturentwicklung war nach der Oktoberrevolution eine ausgesprochen avantgardistische Entwicklung zu verzeichnen. Der neue Stil begann sich bereit Anfang des 20. Jahrhunderts in der Wechselwirkung mit anderen Kunstrichtungen in Russland – wie in Europa – abzuzeichnen. Für die Stilerneuerung als Konstruktivisten oder Rationalisten – vieles ganz im Bauhausstil – stehen Architekten wie Kasimir Malewitsch, Wladimir Tatlin, Alexander Rodschenko, El Lissitzky, Alexander Wesnin, Ilja Golosow, Konstantin Melnikow, Moisej Ginzburg. Es wurde aber in den Jahren zwischen 1920 bis etwa 1933 viel entworfen, aber nur wenig davon realisiert. Zu verweisen ist auf die Gebäude der Iswestija in Moskau von G. Grigori Barchin (1927), eine Großküche in Moskau von A. Meskow (1929), Haus der Technischen Lehre in Leningrad von Alexander Gegello und D. Krischewski (1932), das Lenin-Mausoleum in Moskau von A. Schtschussew, Klubhaus „Rote Putilower" in Leningrad von A. Nikolski (1926), eine Bank von W. Wesnin (1927) und ein Kraftwerk von S. Grusenberg beide in Iwanowo-Wosnessensk und auf viele Wohnhäuser dieser Zeit.

Lomonossow-Universität, Moskau

Das Ende der neuen Architektur zeigte sich 1932 am Ergebnis des Wettbewerbes für den nicht realisierten Palast der Sowjets. Traditionelle Bauformen setzen sich durch. Konstruktivismus und Funktionalismus werden als Kapitalistische Architektur bezeichnet. Eine *„idealistische und utopische Architektur"* – so heißt es jetzt – *„will die noch erforderlichen Etappen auf dem Weg zum Sozialismus zu überspringen, und wirkt dadurch im politischen Sinne konterrevolutionär."* Von nun an setzt man auf eine traditionelle Architektur, auf sehr prunkvolle Paläste und üppige Bauten. Der Zuckerbäckerstil (Sozialistischer Klassizismus) ist die Bezeichnung einer Stilrichtung, die bis 1955 in der Sowjetunion und in seinen Satellitenstaaten üblich ist.

Da sich nach dem Ende des Zweiten Weltkrieges ein starkes Bevölkerungswachstum abzeichnete, kam es bei den Arbeiterklassen rasch zu einer großen Wohnungsnot. Mit dem Beginn der Ära von Nikita Chruschtschow im September 1953 wurde in der ganzen Sowjetunion zu Sparmaßnahmen aufgerufen. Chruschtschow versammelte im Dezember 1954 die leitenden Architekten und Baufunktionäre der Sowjetunion zur *„Allunionskonferenz der Bauschaffenden"* und ließ öffentlich die Entstalinisierung der Baukultur und die Abschaffung des „Konservatismus in der Architektur" bekanntgegeben. Unter dem Motto *„Besser, billiger und schneller bauen"* folgten drastische Änderungen im Wohnkonzept. Mit dem neuen Baustil jener Zeit entstanden die allgemein als „Chruschtschowki" (хрущёвки; Wohnblocks) bezeichneten Wohngebäude, welche im Stil von sogenannten „Chruschtschoby" (хрущобы; Plattenbau-Siedlungen) angeordnet wurden.

Literatur

Science-Fiction

In der Sowjetunion gab es eine eigene, reichhaltige Science-Fiction-Literatur. Anders als in den westlichen Ländern war dieses Genre in der Sowjetunion nie als Trivialliteratur verfemt. Die meisten Science-Fiction-Werke lieferten utopische Entwürfe für eine zukünftige Gesellschaft, wie zum Beispiel der Roman Andromedanebel, von Iwan Antonowitsch Jefremow aus dem Jahr 1957, der mit über 20 Millionen Exemplaren das wohl wichtigste und erfolgreichste Buch dieses Genres in der Sowjetunion war. Die Science-Fiction-Literatur entwickelte sich rasch zu einer Art Sprachrohr für die Kritiker der sowjetischen Führung. Der georgische Regisseur Otar Ioselani führte im Jahr 1962 ein Gespräch mit Boris Barnet, der später Selbstmord verübte:

> *Er fragte mich: „Wer sind sie?" Ich sagte: „Ein Regisseur." – „Ein sowjetischer", korrigierte er. „Sie müssen immer sagen: ‚Ein sowjetischer Regisseur.' Das ist ein ganz besonderer Beruf." – „Wieso?", fragte ich. „Weil Sie, wenn Sie jemals ehrlich werden sollten, was mich überraschen würde, das Wort ‚sowjetisch' weglassen können."*[25]

Später wurden auch Science-Fiction-Filme gedreht, welche es zum Teil wagten, den *sowjetischen Materialismus* herauszufordern. So wird zum Beispiel in Andrei Tarkowskis *Solaris*, der Verfilmung des gleichnamigen Romans von Stanisław Lem, aus dem Jahr 1972 die Konfrontation einer Besatzung eines Raumschiffes mit einer absolut fremden Lebensform dargestellt, welche für sie zur metaphysischen Reise in die Innenwelt ihrer eigenen Kultur wird und sie zur Selbsterkenntnis, Liebe und Geduld anhält. Erstaunlich ist an der Verwirklichung dieser Filme, dass sie alle in der Breschnew-Ära entstanden, in der sämtliche Formen der organisierten Religion stark eingeschränkt wurden.

Wissenschaft

Sport

Der Sport, Breitensport als auch Spitzensport, wurde in der Sowjetunion intensiv durch den Staat gefördert. Dafür gab es eine extra eingerichtete Organisation innerhalb des Staates, deren Aufgabe es war, Nachwuchsarbeit zu betreiben und aussichtsreiche Talente aufzuspüren, die in Sportschulen weiter ausgebildet wurden.

Siehe auch: Fußballnationalmannschaft der UdSSR, Sowjetische Schachschule, Sowjetische Eishockeynationalmannschaft, Olympische Geschichte der Sowjetunion

Sowjetisches Überschallpassagierflugzeug, Tupolew Tu-144

Nationalhymne

Von 1922 bis 1944 war Die Internationale die Nationalhymne der Sowjetunion. 1943 komponierte Alexander Wassiljewitsch Alexandrow eine eigens für die Sowjetunion bestimmte Hymne mit dem Text von Sergei Wladimirowitsch Michalkow. Diese wurde erstmals am 1. Januar 1944 der Öffentlichkeit präsentiert. Dreieinhalb Monate später, am 15. März 1944, wurde dieses Lied zur offiziellen Nationalhymne der Sowjetunion erklärt.

Die Hymne erfuhr 1977, als Folge der Entstalinisierung, ihre einzige Änderung, bei der unter anderem Stalins Name aus dem Text entfernt wurde. Zwischen 1955 (zwei Jahre nach Stalins Tod) und 1977 wurde die Hymne stets ohne Text interpretiert.

Nach dem Zusammenbruch der UdSSR warf das neue Russland das Sowjeterbe ab und gab sich eine komplett neue Hymne. Da sich diese nie großer Beliebtheit erfreute, wurde im Jahr 2000 die alte Sowjethymne mit neuem Text wieder zur Nationalhymne Russlands.

Siehe auch

- Geschichte der Sowjetunion
- GUS
- Oktoberrevolution
- Ostblock
- Perestroika

Literatur

- Mark R. Beissinger: *Nationalist Mobilization and the Collapse of the Soviet State*. Cambridge University Press, Cambridge 2002, ISBN 0-521-00148-X.
- Thomas M. Bohn (Hrsg.): *Geschichte des russischen Reiches und der Sowjetunion*. Böhlau, Köln 2002, ISBN 3-412-14098-8.
- Johannes Grotzky: *Herausforderung Sowjetunion. Eine Weltmacht sucht ihren Weg*. Piper, München 1991.
- Johannes Grotzky: *Konflikt im Vielvölkerstaat. Die Nationen der Sowjetunion im Aufbruch*. Serie Piper, München 1991.
- Presseagentur Nowosti (APN), Moskau (Hrsg.): *UdSSR – Fragen und Antworten*, 1. Aufl., Karl-Marx-Werk Pößneck V 15/30, Dietz Verlag, Ost-Berlin 1967.
- Manfred Hildermeier: *Die Sowjetunion 1917–1991*. Oldenbourg, München 2001, ISBN 3-486-56497-8.
- Manfred Hildermeier: *Geschichte der Sowjetunion 1917–1991: Entstehung und Niedergang des ersten sozialistischen Staates*, C.H. Beck, 1998, ISBN 3-406-43588-2.
- Karl Held (Hrsg.): *Das Lebenswerk des Michail Gorbatschow: Von der Reform des realen Sozialismus zur Zerstörung der Sowjetunion*. Gegenstandpunkt Verlag, München 1992, ISBN 3-929211-00-9.
- Leonid Luks: *Geschichte Russlands und der Sowjetunion: von Lenin bis Jelzin*. Pustet, Regensburg 2000, ISBN 3-7917-1687-5.
- *Sowjetische Architektur, Avantgarde II 1924–1937*. Verlag Gerd Hatje, Stuttgart 1993, ISBN 3-7757-0425-6.
- Helmut Altrichter: *Kleine Geschichte der Sowjetunion 1917–1991* C.H. Beck, 2001, ISBN 978-3-40-645970-2.
- Helmut Altrichter (Hrsg.): *Die Sowjetunion. Von der Oktoberrevolution bis zu Stalins Tod. Band 1: Staat und Partei*. Deutscher Taschenbuch Verlag, Münschen 1986, ISBN 978-3-42-302948-3 (online [26]).
- Helmut Altrichter, Heiko Haumann (Hrsg.): *Die Sowjetunion. Von der Oktoberrevolution bis zu Stalins Tod. Band 2: Wirtschaft und Gesellschaft*. Deutscher Taschenbuch Verlag, Münschen 1986, ISBN 978-3-42-302949-0 (online [27]).

Weblinks

- Datenbank des deutschsprachigen Schrifttums über Russland/UdSSR [28]
- Domenico Losurdo: Scheitern – Verrat – Lernprozess. Drei Ansätze zur Interpretation der Geschichte der kommunistischen Bewegung [29]
- Vortrag: Geschichte der UdSSR [30]
- Über die Organisation der bewaffneten Einheiten des Innenministeriums 1950 [31] (Link nicht mehr abrufbar)

Einzelnachweise

[1] Aus dem russischen Wikipedia-Artikel (ru:Советский рубль) entnommen

[2] Zitiert n. russ. Außenminister Kosyrew im Januar 1992; vgl. Andreas Zimmermann, *Staatennachfolge in völkerrechtliche Verträge: Zugleich ein Beitrag zu den Möglichkeiten und Grenzen völkerrechtlicher Kodifikation*, Max-Planck-Institut für ausländisches öffentliches Recht und Völkerrecht, Springer, 2000, ISBN 3-540-66140-9, S. 91 Fn 325 (http://books.google.de/books?id=oPkRR6sykxwC&lpg=PA90&lr=&pg=PA91#v=onepage&q=&f=false).

[3] So etwa Antonowicz, *Disintegretation of the USSR*, S. 9; Bothe/Schmidt, *Questions de succession*, S. 824.

[4] Die Jahreszahl der Volkszählung ist umstritten, da der russischsprachige Wikipedia-Artikel 1989 festschreibt und der Artikel hier in einem Abschnitt 1988 andeutet.

[5] Quelle: Russischsprachige Wikipedia

[6] Alexander Solschenizyn, *200 Jahre zusammen*, Russki Putj (Moskauer Verlag) 2002, Herbig 2003, ISBN 3-7766-2356-X.

[7] Peter Scheibert, *Lenin an der Macht*, Acta humaniora, Weinheim 1984, ISBN 3-527-17503-2.

[8] Alexander Jakowlew, *A Century of Violence in Soviet Russia*, Yale University Press, New Haven/London 2002 („Ein Jahrhundert der Gewalt in Sowjetrussland", Berlin Verlag, 2004, ISBN 3-8270-0547-7).

[9] Andreas Zimmermann, *Staatennachfolge in völkerrechtliche Verträge: Zugleich ein Beitrag zu den Möglichkeiten und Grenzen völkerrechtlicher Kodifikation*, Max-Planck-Institut für ausländisches öffentliches Recht und Völkerrecht, Springer, 2000, ISBN 3-540-66140-9, S. 782 (http://books.google.de/books?id=oPkRR6sykxwC&lpg=PA90&lr=&pg=PA782#v=snippet&q=26.dezember&f=false), 794 f.

[10] *END OF THE SOVIET UNION; The Soviet State, Born of a Dream, Dies.* (http://www.nytimes.com/1991/12/26/world/end-of-the-soviet-union-the-soviet-state-born-of-a-dream-dies.html?pagewanted=1) Abgerufen am 3. März 2010.

[11] Vgl. auch Forschungsstelle Osteuropa an der Universität Bremen und Deutsche Gesellschaft für Osteuropakunde: Russlandanalysen Nr. 22 (http://www.laender-analysen.de/russland/pdf/Russlandanalysen022.pdf) vom 2. April 2004.

[12] Volker Epping, in: Knut Ipsen, Völkerrecht. C.H. Beck, 5. Auflage, München 2004, ISBN 3-406-49636-9, § 5 Rn 19 und § 34 Rn 17.

[13] Nach h.M. ist der Inhalt dieses Begriffes synonym mit „völkerrechtlicher Identität" zu verstehen, womit sich dieser Begriff und die Bezeichnung „Nachfolgestaat" wechselseitig ausschließen.

[14] Andreas Zimmermann, *Staatennachfolge in völkerrechtliche Verträge: Zugleich ein Beitrag zu den Möglichkeiten und Grenzen völkerrechtlicher Kodifikation*, Max-Planck-Institut für ausländisches öffentliches Recht und Völkerrecht, Springer, 2000, ISBN 3-540-66140-9, S. 85 ff. (91 f. (http://books.google.de/books?id=oPkRR6sykxwC&lpg=PA90&lr=&pg=PA91#v=onepage&q=&f=false))

[15] Ingrid Muth, *Die DDR-Aussenpolitik 1949–1972: Inhalte, Strukturen, Mechanismen*, in: Forschungen zur DDR-Gesellschaft, Ch. Links Verlag, 2001, ISBN 3-86153-224-7, S. 26 f. (http://books.google.de/books?id=GPzPPrrv1vwC&lpg=PA26&ots=24e6O71Pyp&pg=PA26)

[16] Interview des Ministerialdirektors im Auswärtigen Amt, Wilhelm G. Grewe, mit dem Chefredakteur im Nordwestdeutschen Rundfunk, Hans Wendt, 11. Dezember 1955 (PDF (http://www.bundesarchiv.de/imperia/md/content/abteilungen/abtg/dzd/208.pdf), 154 kB) im Bulletin des Presse- und Informationsamtes der Bundesregierung, Nr. 233, 13. Dezember 1955, S. 1993 f.

[17] Vladislav Zubok: *A Failed Empire. The Soviet Union in the Cold War from Stalin to Gorbachev*, Chapel Hill, NC, USA 2007, S. 171.

[18] Rossen Djagalov, Christine Evans: *Moskau, 1960: Wie man sich eine sowjetische Freundschaft mit der Dritten Welt vorstellte*, in: Andreas Hilger: *Die Sowjetunion und die Dritte Welt. UdSSR, Staatssozialismus und Antikolonialismus im Kalten Krieg 1945–1991*, S. 83–105.

[19] Egbert Jahn: *Die Außenpolitik Russlands*. In: Manfred Knapp, Gert Krell: *Einführung in die Internationale Politik*. 4. Aufl., München, Wien 2004, S. 263.

[20] Ill'ja V. Gajduk: *New York, 1960: Die Sowjetunion und die dekolonialisierte Welt auf der Fünfzehnten Sitzung der UN-Vollversammlung*, in: Andreas Hilger: *Die Sowjetunion und die Dritte Welt. UdSSR, Staatssozialismus und Antikolonialismus im Kalten Krieg 1945–1991*, S. 107–119.

[21] Sitzungsprotokoll des Kaukasischen Büros Nr. 12, Punkt 2 vom 5. Juli 1921; siehe auch Swietochowski in: Halbach/Kappeler (Hrsg.), *Krisenherd Kaukasus*, 1995, S. 161, 167; de Waal, *Black Garden*, 2003, S. 130.

[22] Heiko Krüger, *Der Berg-Karabach-Konflikt: Eine Juristische Analyse*, Springer, Berlin/Heidelberg 2009, S. 20 (http://books.google.de/books?id=a0lwf_U2vRAC&pg=PA20).

[23] Volkszählung 1989 und The World Factbook

[24] siehe auch Lenin#Bürgerkrieg 1918 bis 1922

[25] Zitiert in Eisenschitz, *A Fickle Man*, 163.

[26] http://geschichte.digitale-sammlungen.de/sowjetunion/band/sw1

[27] http://geschichte.digitale-sammlungen.de/sowjetunion/band/sw2

[28] http://www.ib.hu-berlin.de/~pbruhn/russgus.htm

[29] http://www.linksnet.de/artikel.php?id=865

[30] http://www.videolexikon.com/referent_noltehansheinrich.htm

[31] http://www.zeit.de/1950/10/zt19500309_003_0020_p?page=all

Berijew

Das Unternehmen **Berijew** (russisch Таганрогский авиационный научно-технический комплекс имени Г. М. Бериева/ *Taganrogski awijazionny nautschno-technitscheski kompleks imeni G. M. Berijewa*, deutsch: Wissenschaftlich-Technischer Komplex für Luftfahrt Taganrog „G. M. Berijew“) ist ein russischer Hersteller von Flugzeugen und gehört zur IRKUT-Holding.

Das Experimental-Konstruktionsbüro 49 (OKB-49) wurde 1934 von Georgi Michailowitsch Berijew in Taganrog gegründet. Die Firma spezialisierte sich auf die Entwicklung und Herstellung von amphibischen Flugbooten. Es wurden jedoch auch konventionelle Maschinen wie die Berijew Be-30 entwickelt und hergestellt.

Bekannteste Typen waren die Berijew Be-2 und die Berijew Be-12

Die Firma firmiert heute als *Beriev Aircraft Company* unter der Führung von Wiktor Anatoljewitsch Kobsew. Zur Zeit (2004) arbeitet man an einem überschweren Amphibium mit 1000 Tonnen Startgewicht.

Flugzeuge von Berijew

- MBR-2 Mehrzweckflugboot
- MBR-5 Amphibienflugzeug
- MBR-7 Kurzstreckenseeaufklärer
- MDR-5 Langstreckenseeaufklärer
- R-1 strahlgetriebenes Flugboot
- Be-1 strahlgetriebenes Bodeneffektfahrzeug
- Be-2/KOR-1 katapult- und hochseefähiges Aufklärungsflugzeug
- Be-4/KOR-2 Bordaufklärungsflugzeug
- Be-6 Seeaufklärungs- und Bomberflugboot
- Be-8 Mehrzweckflugboot
- Be-10 Seeaufklärer mit Strahltriebwerken
- Be-12 Seeaufklärungsflugboot
- Be-30 Passagierflugzeug
- Be-32 Passagierflugzeug
- Be-42/A-40 strahlgetriebenes Flugboot (Projekt, Entwicklung eingestellt)
- A-50 von Berijew zum Frühwarnflugzeug umgebaute IL-76
- Be-103 Amphibienflugzeug
- Be-200: Mehrzweckamphibienflugzeug
- WWA-14: Anti-U-Boot und Bodeneffekt Amphibienfahrzeug
- Be-2500 Neptun 2500-Tonnen Fracht-Ekranoplan Projekt

Siehe auch

- Liste von Flugzeugtypen: Berijew

Weblinks

- Firmenhomepage [1]

References

[1] http://www.beriev.com/

Berijew_R-1

Die **Berijew R-1** ist ein sowjetisches Flugboot in Schulterdeckerauslegung das von Strahltriebwerken angetrieben wird. Der Erstflug fand am 30. Mai 1952 statt. Die R-1 war das erste strahlgetriebene Flugboot der Sowjetunion. Die Maschine besaß eine Druckkabine, Schleudersitze für die Piloten, sowie zur Verteidigung einen ferngesteuerten Heckstand. Das Cockpit war dabei zur besseren Sicht des Piloten nach links versetzt. Das Leitwerk war in T-Form ausgeführt. Der Bootsrumpf war zweistufig gestaltet. Die mit Radar ausgerüstete Maschine war allwettertauglich.

Nach Ende des Zweiten Weltkrieges begann man im OKB-49 mit der Entwicklung des Projektes R. Ausgehend vom Flügelentwurf der Berijew Be-6, der Anforderung eines Jet-Flugbootes seitens der sowjetischen Marine und von den Strahlflugzeugentwicklungen in den OKB Iljuschin und Tupolew arbeitete man ab Mai 1947 einen entsprechenden Entwurf aus.

Die offizielle Anforderung wurde am 12. Juni 1948 veröffentlicht und sah eine Reichweite von 2.000-2.500 km, drei Mann Besatzung und eine Geschwindigkeit von 800 km/h vor. Das Flugzeug sollte ein Radargerät tragen. Die Aufgabe war die Aufklärung und die Bekämpfung feindlicher Ziele. Dazu waren vier 20 mm Kanonen und eine Bombenlast von 2.000 kg vorgesehen.

Am 10. Juni 1950 war eine Attrappe fertig. Die ursprünglich vorgesehenen Rolls-Royce Nene Triebwerke wurden durch die inzwischen verfügbaren Klimow WK-1 ersetzt, die einen höheren Schub erzeugten. Sie waren in langen Verkleidungen eingebaut, die sich an der Knickstelle des Flügels befanden und so einen maximalen Abstand zur Wasseroberfläche aufwiesen. Zusätzlich war der Einbau eines Starthilfe-Raketentriebwerkes möglich. Statt der 20 mm Kanonen sollten 23 mm-Typen zum Einsatz kommen. Zusätzlich wurde die Möglichkeit geschaffen, zwei 500 kg Minen zu befördern.

Im November 1951 war der erste Prototyp fertig und am 24. November begannen die ersten Versuche im Wasser. Bei 165 km/h kam es dabei zu einer nicht kontrollierbaren Schwingung um die Nickachse, wobei der Prototyp fast zerstört worden wäre. Man nannte das Phänomen *Hydrodynamische Instabilitätsschwelle*, zu dessen Lösung umfangreiche Forschungsarbeiten nötig waren. Die Lösung bestand schließlich in einem System, das den Zustrom von Luft unter den Rumpf zwischen die beiden Bootsstufen ermöglichte.

Der Erstflug zeigte Vibrationen im Heck. Auch kam es während hoher Geschwindigkeiten auf dem Wasser zu solchen Vibrationen, die kritische Ausmaße annahmen. Am 3. Oktober 1953 verunglückte der Prototyp während der Landung, konnte jedoch wieder instand gesetzt werden. Bereits zu diesem Zeitpunkt war das Projekt gefährdet. Eine schnelle Lösung der Probleme erschien nicht wahrscheinlich. Die Entwicklung landgestützter Aufklärer großer Reichweite ließ Flugboote in Zukunft generell überflüssig erscheinen.

Man entschied jedoch, die gewonnenen Erkenntnisse in ein leistungsfähigeres Projekt zu überführen, aus dem die Berijew Be-10 entstand. Die Flüge der veränderten R-1 wurden am 18. Juli 1953 wieder aufgenommen. Es waren verbesserte Vorflügel montiert worden. Schließlich gelang es, das Luftzustromsystem so zu ändern, dass es auch die Vibrationen verhinderte. Es wurden Überlegungen angestellt, die Maschine mit einem gepfeilten Leitwerk auszurüsten, die jedoch nach dem Bau einer Attrappe nicht weiter verfolgt wurden. Eine Serienfertigung dieses Typs war zu diesem Zeitpunkt bereits nicht mehr vorgesehen.

Die geänderte Maschine wurde weiterhin problemlos im Versuchsbetrieb verwendet, bis im Februar 1956 die R-1 nach einer Grundberührung in Folge einer Notlandung abgeschrieben werden musste.

Technische Daten

Kenngröße	Daten
Besatzung	3
Antrieb	2 Klimow WK-1 zu je 26,4 kN Startschub
Länge	19,90 m
Spannweite	20,00 m
Flügelfläche	58,2 m²
Leergewicht	12.460 kg
Startgewicht	20.300 kg
Höchstgeschwindigkeit	800 km/h
Reisegeschwindigkeit	760 km/h
Abhebegeschwindigkeit	195 km/h
Landegeschwindigkeit	185 km/h
Reichweite	2000 km
Dienstgipfelhöhe	11.500 m
Bewaffnung	zwei 23 mm Kanonen starr im Rumpfbug zwei 23 mm Kanonen beweglich im Heck Zusätzlich 1000 kg Abwurfbewaffnung

Siehe auch

- Liste von Versuchsflugzeugen

Seeaufklärer

British Aerospace Nimrod MR2

Seeaufklärer (engl. *Maritime Patrol Aircraft*, MPA) sind Flugzeuge, die auf Patrouillenflügen über dem Meer lange im Einsatz verbleiben und ein großes Gebiet überwachen bzw. nach Über- und Unterwasserobjekten absuchen können. Ihr Haupteinsatzzweck ist militärisch. Sie sind ein wichtiges Element in der Verteidigung von Staaten, welche Küsten und Häfen aufweisen oder Ölplattformen besitzen. Gemäß diesem Anforderungskatalog verwendet man für diese Aufgabe oftmals modifizierte Verkehrsflugzeuge, bekanntestes Beispiel dürfte die Lockheed P-3 Orion sein, welche aus der Lockheed L-188 Electra entstand.

Beschreibung

Antonow An-12 Cub

Meistens sind es mit Propellerturbinen angetriebene Maschinen. Der britische Seeaufklärer Nimrod wird noch bis zum Ende des Jahrzehnts der einzige mit Strahltriebwerken angetriebene Seeaufklärer der Welt sein. Im Zweiten Weltkrieg und den 1950er Jahren wurden oft auch Flugboote und/oder große Schwimmerflugzeuge in der Rolle des Seeaufklärers eingesetzt.

Zu den wichtigsten zusätzlichen Ausrüstungsbestandteilen gehören ein leistungsfähiges Radar zur Überwasserzielsuche und zur Seeüberwachung, abwerfbare Sonarbojen und eine MAD-Antenne zur Ortung von U-Booten. Einige Maschinen sind zusätzlich auch speziell für die Elektronischen Aufklärung (ELINT) eingerichtet.

Breguet Atlantic

Im Gegensatz zu den meisten anderen Aufklärungsflugzeugen sind Seeaufklärer bewaffnet, das heißt, sie können selbständig gegen Schiffe und U-Boote (U-Jagd) vorgehen. Hierfür besteht die Bewaffnung aus Anti-Schiffs-Lenkwaffen und aus Torpedos, die meistens in einem Waffenschacht mitgeführt werden. Primär arbeitet sie aber im Verbund mit Marinekampfflugzeugen zusammen, wobei das Ziel aus sicherer Entfernung beobachtet wird und dem angreifenden Kampfflugzeug via Data-Link (nicht zu verwechseln mit einer Datenleitung) die erforderlichen Daten für den Einsatz der Seezielflugkörper übermittelt werden.

Lockheed P-3B Orion

Bis in die Anfänge des Kalten Krieges hinein wurden auch Militärluftschiffe als Seeaufklärer verwendet.

Liste von Seeaufklärern

vor 1945

CASA C-295 Persuader

- Arado Ar 95
- Arado Ar 196
- Avro 652 Anson
- Blohm & Voss Bv 138
- Blohm & Voss Bv 222 Wiking
- Consolidated (Model 28) PBY Catalina
- CRDA Cant Z.501 Gabbiano
- CRDA Cant Z.506 Airone
- Dornier Do 18
- Dornier Do 24
- Focke-Wulf Fw 200 Condor
- Heinkel He 59
- Heinkel He 60
- Heinkel He 114
- Lioré et Olivier LeO 130 M
- Short S. 25 Sunderland
- Vought OS2U Kingfisher

nach 1945

- Airbus A319 MPA[1]
- Antonow An-12
- Antonow An-32MP
- Antonow An-74MP
- Antonow An-140
- ATR 42 MP Surveyor
- ATR 72 ASW
- Avro Shackleton
- BAE Systems Nimrod MRA4
- Hawker Beechcraft King Air MP[2]
- Berijew Be-6
- Berijew Be-10
- Berijew Be-12
- Berijew Be-200
- Berijew Be-42
- Berijew Be-12 Tschaika
- Boeing P-8 Poseidon
- Breguet Alizé
- Breguet Atlantic
  - Breguet Atlantic 1
  - Breguet Atlantic 2
- Britten-Norman Maritime Defender/Defender 4000[3]
- Bombardier Dash 8 Q300 series MSA
- Canadair CP-107 Argus
- CASA C-212

- CASA CN-235 Persuader
- CASA C-295 Persuader
- Dassault Falcon 10
- Dassault Falcon 20 Guardian
- Dassault Falcon 50 Surmar
- Dassault Falcon 900 MPA
- Dornier Do 228
- Embraer EMB 111
- Embraer EMB 145 MP/ASW/P-99[4]
- Fairchild HC-123B
- Fairey Gannet
- Fokker F-27 Maritime
- Fokker 60 MPA
- GAF Nomad Searchmaster
- Grumman AF Guardian
- Grumman HU-16 Albatross
- Grumman S-2 Tracker
- Harbin SH-5
- Hawker-Siddeley Nimrod MR 1/MR 2
- HESA IrAn-140
- IAI-1124N Westwind Seascan
- Iljuschin Il-20RT
- Iljuschin Il-38
- Iljuschin Il-114MP
- Kawasaki XP-1
- Lockheed HC-130 Hercules
- Lockheed P-2 Neptune
  - Kawasaki P-2J
- Lockheed P-3 Orion
  - CP-140 Aurora
  - CP-140A Arcturus
- Lockheed S-3 Viking
- Martin P5M Marlin
- Nord N 262E
- PZL M28B Bryza 1R/1RMbis/1E
- Saab 2000 MPA[5]
- Shaanxi Y-8 MPA
- Shin Meiwa PS-1
- ShinMaywa US-2
- Tupolew Tu-142

Siehe auch

- Militärische Aufklärung
- Liste von Flugzeugtypen

Einzelnachweise

[1] (http://www.airbusmilitary.com/Surveillance/A319.aspx)
[2] (http://www.hawkerbeechcraft.com/military_and_special_mission/maritime_patrol.aspx)
[3] (http://www.britten-norman.com/products/bn2t4s/)
[4] (http://www.embraerdefensesystems.com/english/content/isr_systems/emb_145_state_of_art.asp)
[5] (http://www.saabgroup.com/Air/Airborne-Solutions/Airborne-Surveillance/Maritime_Surveillance/Saab_2000_MPA/)

Erstflug

Beim **Erstflug** oder **Jungfernflug** handelt es sich um den ersten Flug eines Luftfahrzeuges. Dieses Datum wird häufig in den technischen Daten eines Flugzeugtyps aufgeführt. Die Jungfernfahrt bezeichnet hingegen die Erstfahrt eines Schiffes oder Bootes, dem normalerweise ein Stapellauf vorangeht.

Nach Konstruktion und Bau muss sich beim Erstflug beweisen, ob sich der Flugkörper wirklich auch im realen Flug bewährt. Dem Erstflug gehen in der Regel das sogenannte Rollout, die erste Präsentation des neuen Geräts, und anschließend umfangreiche Systemtests sowie Rollversuche am Boden voraus.

Der Erstflug wird in der Regel von Testpiloten durchgeführt.

Siehe auch

- Liste der Erstflüge

Schulterdecker

Schulterdecker bezeichnet ein Flugzeug mit einer Tragfläche, die bündig mit der Oberkante des Rumpfes angeordnet ist. Typische Flugzeuge sind die Cessna 150/152 sowie das Segelflugzeug Schleicher K 8.[1]

Schulterdecker – C-150

Ein Vorteil der Schulterdeckerbauweise ist die Tatsache, dass der Flügelholm nicht durch den Rumpf geführt wird; ein anderer die gute Bodensicht aus dem Cockpit. Ein Nachteil (zumindest bei großen, mehrmotorigen Flugzeugen) ist eine aufwändigere Gestaltung des Fahrwerkes.

Schulterdecker – B-52

Einzelnachweise

[1] Gerätekennblatt Nr. 216 (http://www.gliding.co.uk/bgainfo/technical/easa/tcds/3897_9.pdf) des Luftfahrtbundesamtes, 17 KB, PDF-Datei

Grenzschichtzaun

Ein **Grenzschichtzaun** (engl. *wing fence* oder *boundary layer fence*) ist ein aerodynamisches Hilfsmittel, um das Strömungsabreißverhalten an einem Flugzeugflügel zu verbessern. Der Grenzschichtzaun ist ein am Flügel in Anströmrichtung angebrachter Steg, der die Querströmung in der Grenzschicht und damit ein Abfließen der Strömung zur Tragflächenspitze verhindert. Der Grenzschichtzaun wird hauptsächlich bei stark gepfeilten Tragflächen eingesetzt, um den Strömungsabriss am Außenflügel im Bereich der Querruder zu verhindern, der zu einem Abkippen des Flugzeugs führt.

Tragflügel einer Su-22M-4 mit zwei Grenzschichtzäunen

Grenzschichtzäune unterteilen dabei den Tragflügel in mehrere Abschnitte. Moderne Entwurfsmethoden für Tragflügel erlauben meist den Verzicht auf Grenzschichtzäune, die damit zunehmend als Notlösung angesehen werden.

Geschichte

Der Grenzschichtzaun wurde 1938 von dem bei der Messerschmitt AG arbeitenden Wolfgang Liebe entwickelt und zum Patent angemeldet.[1] Versuche im selben Jahr an einer Bf 109 führten zum Erfolg und brachten deutliche Verbesserungen der Langsamflugeigenschaften. Es kam jedoch zu keiner Serieneinführung.

Erst nach dem Zweiten Weltkrieg kam mit der MiG-15 ein Flugzeug mit exzessiver Grenzschichtzaunnutzung in den Einsatz. Der entsprechende Tragflügel war zuvor mit der La-160 getestet worden. Grenzschichtzäune kamen daraufhin weitverbreitet auch bei zivilen Mustern zum Einsatz, so auch den ersten Strahlverkehrsflugzeugen Comet, Tu-104 und Caravelle.

Weitere Möglichkeiten

Neben Grenzschichtzäunen bestehen weitere Möglichkeiten, die Strömung über der Tragfläche, besonders über dem Außenbereich, zu stabilisieren:

1. Sägezahn (Aerodynamik)
2. Vortexgenerator
3. Absaugen/Ausblasen der Grenzschicht
4. Strake
5. Canardflügel

Einzelnachweise

[1] Patent DE700625 (http://worldwide.espacenet.com/publicationDetails/biblio?locale=de_EP&CC=DE&NR=700625): *Vorrichtung zum Verhindern der Ausbreitung von Strömungsstörungen an Flugzeugflügeln.*

Berijew_Be-12

Berijew Be-12	

Wasserbomber Be-12P-200 (2001)

Typ:	Amphibienflugboot
Entwurfsland:	Sowjetunion
Hersteller:	Berijew
Erstflug:	1960
Stückzahl:	~150

Die **Berijew Be-12 Tschaika** *(Seemöwe)* (NATO-Codename: Mail (dt.: Post)) ist ein großes, militärisches Amphibienflugboot, das heißt, es kann auf dem Wasser niedergehen und besitzt gleichzeitig auch ein ausfahrbares Fahrwerk für Landungen auf festem Untergrund. Entwickelt wurde es als Seeaufklärer zur See- und Küstenüberwachung, zur Suche nach Bodenschätzen, zur U-Boot-Jagd und zur Seenotrettung.

Geschichte

Die Be-12 flog erstmals um 1960 und wurde ein Jahr später auf der Luftparade in Moskau-Tuschino der Öffentlichkeit vorgeführt. Ab der zweiten Hälfte der 1960er Jahre wurde sie bei den sowjetischen Seefliegerkräften eingegliedert und ersetzte dabei die Be-6, der sie aufgrund ihrer verbesserten Reichweite sowie der Turboprop-Antriebe überlegen war. Ein visuelles Merkmal war der lange MAD-Heckstachel, der zur Ortung getaucht fahrender U-Boote diente. Insgesamt sind etwa 150 Maschinen gebaut worden. Im Zentralen Museum der Luftstreitkräfte der Russischen Föderation in Monino kann eine *Be-12* besichtigt werden.

Nach der Auflösung der Sowjetunion wurden einige Flugzeuge zu Wasserbombern Be-12P umgerüstet. Pläne dazu existierten unter der Bezeichnung Be-18 schon seit den 1960er Jahren, wurden aber nicht umgesetzt. Vier ehemalige Marineflugzeuge wurden in der ersten Hälfte der 1990er Jahre solchermaßen umgebaut. Die militärische Ausrüstung wurde bis auf das Radar entfernt und durch Wasserbehälter im Rumpf mit einem Fassungsvermögen von sechs Kubikmetern ersetzt. Die Wasseraufnahme erfolgt auf dem Wasser gleitend in 25 bis 30 Sekunden, kann aber auch an Land durchgeführt werden. Die erste dieser Maschinen („gelbe 40") absolvierte am 27. April 1992 in Taganrog ihren Erstflug. Allein bis zum Jahr 2000 warfen diese Be-12 bei Waldbränden im gesamten russischen Gebiet 17188 Tonnen Wasser ab. Am 14. Juli 1993 ging die gelbe 40 mit der Werksnummer 9601504 bei einem Einsatz verloren. Eine weitere umgerüstete Maschine mit der Werknummer 8601301 (Kennung RA-00046) flog am 9. August 1996 unter der Bezeichnung Be-12P-200 erstmals (siehe Foto Infobox). Durch ein modernisiertes System ist sie in der Lage, die Wasseraufnahme in nur noch 20 Sekunden durchzuführen.[1]

Nutzer

- Russland

  Russische Marine 9 Stück bei der Schwarzmeerflotte im Einsatz.[2]

- Syrien

  Syrische Luftwaffe

- Ukraine

  Ukrainische Marine

- Sowjetunion

  vor der Teilung

- Vietnam

  4 Flugzeuge wurden an die Vietnamesische Luftwaffe 1981 geliefert

Technische Daten

Berijew Be-12 Mail im August 1990

Kenngröße	Daten
Flügelspannweite	29,71 m
Länge	30,17 m
Höhe	7,0 m
Flügelfläche	105 m²
Leergewicht	19,5 t
Startgewicht	max. 29,5 t
Triebwerk	zwei *Iwtschenko Ai-20D* - Propellerturbinen
Leistung	je 3125 kW / 4190 WPS
Höchstgeschwindigkeit	608 km/h
Marschgeschwindigkeit	320 km/h
Reichweite	4000 km

Bewaffnung	bis zu 5000 kg im Rumpfschacht und an den Flügeln (Sonarbojen sind im Heck gelagert)

Weblinks

- Aeroflight: Beriev Be-12 'Mail' [3]

Einzelnachweise

[1] Erich Strobl, Francois Nôtre, Ulrich Unger: *Europas fliegende Feuerwehren - Der Wasserbomber Be-12P* in Flieger Revue Extra Nr.9, Möller, 2005, ISSN 0941/889X; S.99

[2] RIA Novosti news agency - Russian Navy to receive 4 new amphibious planes by 2013 (http://en.rian.ru/russia/20080905/116569962.html)

[3] http://www.aeroflight.co.uk/aircraft/types/beriev-be-12-mail.htm

Archip_Michailowitsch_Ljulka

Archip Michailowitsch Ljulka (ukrainisch und russisch Архип Михайлович Люлька; * 10. March[jul.] / 23. March 1908[greg.] in Sawarka, Oblast Kiew, Ukraine; † 1. Juni 1984 in Moskau) war ein sowjetischer Strahltriebwerkskonstrukteur ukrainischer Herkunft.

Grabmal Ljulkas auf dem Nowodewitschi-Friedhof in Moskau

Leben

Ljulka war ein „Dorfjunge" aus einem kleinen ukrainischen Dorf bei Kiew; einer seiner Lehrer war der bekannte Mathematiker Mychajlo Pylypowytsch Krawtschuk (Михайло Пилипович Кравчук). Er absolvierte 1931 das Polytechnische Institut in Kiew. Nach seinem Abschluss ging er in das Generatorenwerk nach Charkow. 1933 wechselte er in das dortige Luftfahrtinstitut. Bereits 1934 begann er mit Forschungen zur Entwicklung einer Gasturbine. 1937 wurde er Leiter seines eigenen Spezialkonstruktionsbüros (SKB-1), blieb aber zunächst noch bis 1939 am Institut. Am 22. April 1941 erhielt er ein Patent für sein erstes Mantelstromtriebwerk, das bereits über einen Axialverdichter verfügte. Im Mai 1941 war das als RD-1 bezeichnete Aggregat zu 70 % fertiggestellt. Aufgrund des Deutsch-Sowjetischen Krieges wurde der Bau jedoch unterbrochen.

Nach dem Krieg konstruierte Ljulka und sein Kollektiv eine große Anzahl von Strahltriebwerken.

1958 wurde ihm die Doktorwürde verliehen, 1960 wurde er korrespondierendes Mitglied der Sowjetischen Akademie der Wissenschaften und erhielt neben anderen Auszeichnungen den Leninorden, den Staatspreis (zweimal) und den Titel Held der sozialistischen Arbeit.

In den 1960er Jahren war Ljulka auch in das Mondflugprogramm der UdSSR eingebunden, wurde jedoch letztlich nicht berücksichtigt.

Triebwerke (heute NPO Saturn)

- AL-7 für die Suchoi Su-9 und Su-11
- AL-21 für die Su-22 und Su-24
- AL-31 für die Su-27 und Su-30
- AL-41 für die MiG 1.44

Weblinks

- Biografie [1] in der Großen Sowjetischen Enzyklopädie

Siehe auch

- Hans Joachim Pabst von Ohain
- Frank Whittle

References

[1] http://slovari.yandex.ru/~книги/БСЭ/Люлька%20Архип%20Михайлович/

Berijew_MP-1

Berijew MP-1

Typ:	Flugboot
Entwurfsland:	Sowjetunion
Hersteller:	Berijew
Erstflug:	Mai 1933
Indienststellung:	1934

Die **Berijew MP-1** war ein sowjetisches Flugboot. Sie war die Transportvariante der Berijew MBR-2 und wie diese ein einmotoriger Hochdecker. Jedoch waren die Waffenstände und die Außenlaststationen demontiert worden.

So ergab sich eine bessere Flugleistung gegenüber dem Ausgangsmodell. Dies wurde genutzt um 1937 eine Reihe von Höhenweltrekorden für Frauen aufzustellen, die Polina Ossipenko erflog.

Die MP-1 war das erste sowjetische Passagierflugboot, das über einen nennenswerten Komfort verfügte. Auf der Route von Jalta nach Odessa, auf dem die MP-1 normalerweise eingesetzt wurden konnten sich die Passagiere an den bequemen Sitzen, der geschmackvollen Inneneinrichtung und dem Belüftungssystem erfreuen. Der Erstflug der Maschine fand 1933 statt. Die Aeroflot begann 1934 die Maschinen im Liniendienst einzusetzen. Sie blieben zum Teil bis 1950 im Einsatz.

Die Frachtvarianten MP-1T und MP-1Tbis waren in der Regel umgebaute MBR-2, bei denen die Bewaffnung ausgebaut wurde. Die Maschinen wurden meistens in den Polarregionen eingesetzt, wo sie neben der eigentlichen Frachtflugzeugrolle auch als Fotoflugzeug und zur Eis- oder Fischbeobachtung eingesetzt wurden.

Technische Daten (MP-1)

Eine Berijew MP-1

Kenngröße	Daten
Flügelspannweite	18,90 m
Länge	13,50 m
Höhe	5,42 m
Flügelfläche	55 m²
Leermasse	2640 kg
Startmasse	max. 4100 kg
Triebwerk	12-Zylinder-Reihenmotor *M-17* freistehend über dem Flügel angeordnet
Leistung	368 kW (500 PS)
Höchstgeschwindigkeit	214 km/h in 0 m Höhe
Gipfelhöhe	4720 m
Reichweite	680 km
Flugdauer	4 h
Besatzung	2
Passagiere	6

Siehe auch

- Berijew
- Liste von Flugzeugtypen

Berijew_MBR-2

Berijew MBR-2	
 *Die Zivilversion MP-1*	
Typ:	Flugboot
Entwurfsland:	Sowjetunion
Hersteller:	Berijew
Erstflug:	1931[1]
Indienststellung:	1934
Produktionszeit:	1934–1942
Stückzahl:	~1.300

Die **Berijew MBR-2** *(Морской Ближний Разведчик Второй)* war ein sowjetisches Aufklärungs- und Mehrzweckflugboot.

Entwicklung

Der Grundentwurf dieses leicht bedien- und wartbaren, leistungsfähigen und robusten Mehrzweckflugbootes wurde von Georgi M. Berijew für den Einsatz in den sowjetischen Küstengewässern 1930 abgeschlossen. Das Kürzel MBR bedeutet Morskoi blischnij raswedtschik (Морской ближний разведчик), was für Marine-Nahaufklärer steht. MP wird mit Morskoi passaschirskij samoljot (Морской пассажирский самолет) übersetzt, was Marine-Passagierflugzeug heißt.

Der Prototyp mit BMW VI.Z Motor flog 1931, die folgenden Serienflugzeuge erhielten den unter Lizenz hergestellten verbesserten M-16B Motor. Die beiden Piloten saßen nebeneinander in einer offenen Kanzel. Daneben wurde im Bug und auf dem Rumpf je ein ungedeckter Waffenstand angebracht und mit je einem 7,62 mm-MG PW-1 bestückt. Typisches Erkennungszeichen waren das rechteckige Seiten- und Höhenleitwerk.

Durch die Möglichkeit, Schnee- und Eiskufen oder ein Fahrgestell anzubauen, erhielt die **MBR-2** einen ausgeprägten Mehrzweckcharakter. Sie war ein freitragender Schulterdecker in sowohl Gemischt- als auch Ganzmetallbauweise mit Normalleitwerk und besaß ein geräumiges, zweistufiges Rumpfboot.

Einsatz

Die Maschine war von 1935[2] -1943 vor allem als Nahaufklärer bei der sowjetischen Marine im Einsatz und wurde bis 1942 produziert. Eine abgeleitete Zivilversion wurde ab 1934 als MP1 8sitzige Passagiermaschine von der Aeroflot verwendet, 1935 gefolgt von der Transportversion *MP-1T*. 1936/37 entstanden die verbesserten und leistungsstärkeren Weiterentwicklungen **MBR-2bis** und **MP-1bis** mit Mikulin AM-34m Motor. Eingebaut wurden nun eine geschlossene Pilotenkanzel und ein modifiziertes Seitenleitwerk. Diese Version wurde bis 1941 hergestellt und im Krieg eingesetzt. Als Zivilversion kam das Flugzeug mit AM-34N Motor zum Einsatz.

Nach ihrer Ausmusterung fanden zahlreiche MBR-2 noch lange Verwendung als Mehrzweck- und Fischereiüberwachungsflugzeug im zivilen Bereich.

Technische Daten

Kenngröße	Daten
Konzeption	Mehrzweckflugboot
Konstrukteur(e)	Georgi Michailowitsch Berijew
Hersteller	Berijew
Baujahr(e)	1930–1942
Länge	13,50 m
Flügelspannweite	18,90 m
Höhe	4,50 m
Flügelfläche	26,85 m²
Antrieb	MBR-2: ein 12-Zylinder-Reihenmotor *M-17* MBR-2bis: ein 12-Zylinder-Reihenmotor *AM-34F* oder *AM-34N* freistehend über dem Flügel angeordnet
Leistung	MBR-2: 530–633 kW / 720–860 PS MBR-2bis: 607–633 kW / 825–860 PS
Startleistung	515–552 kW / 700–750 PS
Kraftstoffvorrat	540 l im Rumpf, dazu Reserve- und Zusatzbehälter im Mittelschwimmer
Höchstgeschwindigkeit	285 km/h in 2.000 m Höhe
Marschgeschwindigkeit	225 km/h in 2.000 m Höhe
Steiggeschwindigkeit	230 m/min
Dienstgipfelhöhe	normal 6.600 m maximal 7.600 m
Reichweite	normal 1.450 km maximal 2.200 km
Aktionsradius	600 km
Flugdauer	8 h bei 180 km/h
Leergewicht	2.100 kg
Startgewicht	normal 3.500 kg maximal 4.000 kg
Besatzung	3–4 Mann[3]
Bewaffnung	zwei bis vier MG in zwei Gefechtsständen in Bug und Rumpfrücken bis 600 kg Bombenlast

Literatur

- Munson, Kenneth: Bomber, Aufklärungs- and Transportflugzeuge 1939-45, Orell-Füssli-Verlag, Zürich 1970
- Olaf Groehler: *Geschichte des Luftkriegs 1910 bis 1980*, Militärverlag der Deutschen Demokratischen Republik, Berlin 1981
- Ulrich Israel: *Flugboote des zweiten Weltkrieges.* Militärverlag, Berlin, 1972

Siehe auch

- Berijew
- Liste von Flugzeugtypen

Einzelnachweise

[1] Ulrich Israel: *Flugboote des zweiten Weltkrieges.* Militärverlag, Berlin, 1972. S. 38

[2] vgl. Kenneth Munson: *Bomber, Patrouillen- und Transportflugzeuge 1939-45*, Orell Füssli Verlag, Zürich, 3. Auflage 1977, S. 101

[3] lt. Kenneth Munson: *Bomber, Patrouillen- und Transportflugzeuge 1939-45*, Orell Füssli Verlag, Zürich, 3. Auflage 1977, S. 101 4-5 Mann Besatzung

Berijew_MBR-7

Die **Berijew MBR-7** (auch *Berijew MS-8*) ist ein einmotoriges Flugboot in Schulterdecker-Auslegung des sowjetischen Herstellers Berijew. Der Erstflug erfolgte im April 1939.

Die Maschine war komplett aus Holz hergestellt. Der Motor, der einen Metall-Druckpropeller WISch-2PT antrieb, befand sich an Streben über dem Tragflügel. Unter dem Tragflügel waren Stützschwimmer angebracht.

Der Einsatz sollte als bewaffneter Kurzstreckenseeaufklärer erfolgen. Die Bewaffnung bestand aus einem SchKAS Maschinengewehr in einer Lafette hinter dem Tragflügel sowie einem starr nach vorn gerichteten Maschinengewehr, jeweils Kaliber 7,62 mm. Des Weiteren konnten insgesamt 500 kg an Abwurfbewaffnung mitgeführt werden. Die MBR-7 sollte die ältere Berijew MBR-2 ersetzen.

Die Flugleistungen waren sehr ansprechend. Ende Oktober 1939 kam es zu einem Unfall, bei der die Maschine weitgehend zerstört wurde. Grund war die zu geringe Flugstabilität bei geringen Geschwindigkeiten. Aufgrund dieser beständigen Schwierigkeiten beim Start und bei der Landung wurde keine Serienproduktion aufgenommen.

Technische Daten

Kenngröße	Daten
Besatzung	2-3
Antrieb	1 x Klimow M-103 wassergekühlter V-12 Motor
Leistung	625 kW (850 PS bei 0 m) und 706 kW (960 PS) in 4000 m
Länge	10,60 m
Spannweite	13,00 m
Flügelfläche	26,00 m²
Leergewicht	2418 kg
Startgewicht	max. 3600 kg
Höchstgeschwindigkeit	in Bodennähe 310 km/h in 4300 m: 376 km/h

Landegeschwindigkeit	125 km/h
Reichweite	normal 720 km max. 1215 km
Dienstgipfelhöhe	8850 m
Steigzeit	auf 1000m: 2,4 min auf 4000m: 7,9 min auf 8000m: 25 min

Berijew_MDR-5

Berijew MDR-5

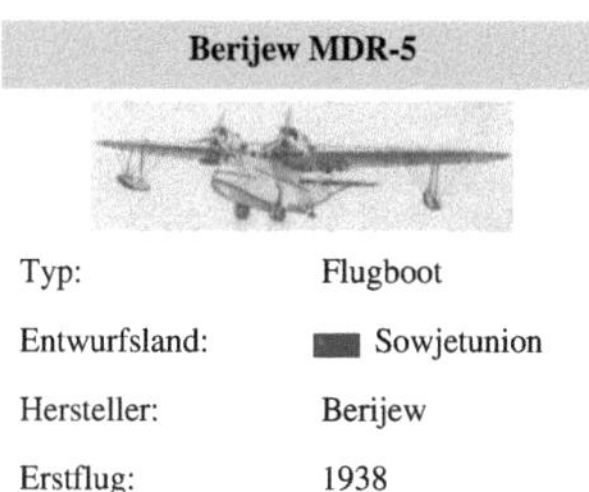

Typ:	Flugboot
Entwurfsland:	Sowjetunion
Hersteller:	Berijew
Erstflug:	1938

Die **Berijew MDR-5** (auch *Berijew MS-5*) ist ein zweimotoriges Flugboot in Hochdecker-Auslegung des sowjetischen Herstellers Berijew. Der Erstflug erfolgte im Mai 1938.

Der Motoren, die je einen Metallpropeller WISch-3 antrieben, befanden sich an der Tragflügelvorderkante in NACA-Hauben. Unter dem Tragflügel waren Stützschwimmer angebracht. Der Tragflügel selbst war am Rumpf mit stabilen Streben befestigt. Die Maschine und der Tragflügel waren aus Metall gebaut, lediglich eine Klappen und Ruder waren mit Stoff bespannt.

Der Einsatz sollte als bewaffneter Langstreckenseeaufklärer erfolgen. Die Bewaffnung bestand aus drei SchKAS Maschinengewehr Kaliber 7,62 mm. Des Weiteren konnten insgesamt 1000 kg an Abwurfbewaffnung mitgeführt werden.

Insgesamt wurden 1938 zwei Maschinen gebaut, die zweite als Amphibienflugzeug. Während der Erprobung erwies sich die Maschine als nicht seetauglich. Das Fahrwerk wurde wieder ausgebaut und der Rumpfbug etwa 30 cm verlängert.

Die Flugleistungen waren ansprechend, jedoch war die Reichweite für einen Seeaufklärer ungenügend. Grund war das viel zu hohe Leergewicht der Maschine. Stattdessen wurde die Tschetwerikow MDR-6 in Serie genommen.

Die Maschinen wurden noch bis 1943 zu Transportzwecken eingesetzt.

Technische Daten

Kenngröße	Daten
Besatzung	5
Antrieb	2 M-87 Sternmotoren
Leistung	618 kW (840 PS) 700 kW (950 PS) Startleistung
Länge	15.88 m
Spannweite	25.00 m
Flügelfläche	78,5 m²
Leergewicht	6038 kg
Startgewicht	8000 kg
Höchstgeschwindigkeit	in Bodennähe: 283 km/h in 5250 m: 345 km/h
Landegeschwindigkeit	120 km/h
Reichweite	2415 km
Dienstgipfelhöhe	8150m
Steigleistung	bis 1000 m: 3,6 min bis 5000 m: 21 min

Berijew_Be-8

Berijew Be-8	
Typ:	Amphibien-Flugboot
Entwurfsland:	Sowjetunion
Hersteller:	OKB Berijew
Erstflug:	3. Dezember 1947
Stückzahl:	2

Die **Berijew Be-8** (NATO-Codename *Mole*) war ein sowjetisches Amphibienflugzeug.

Geschichte

Die Entscheidung zum Bau dieses Mehrzweckflugzeuges fiel am 11. März 1947. Als Einsatzzweck waren sowohl der Passagier-, Fracht- als auch der Verwundetentransport vorgesehen. Es gab die Möglichkeit Kameras zu montieren um Eisbewegungen zu dokumentieren und Fischschwärme zu suchen. Letztlich sollte die Maschine so einfach zu fliegen sein, dass sie als Schulflugzeug Verwendung finden konnte. Bereits drei Monate später existierte eine Attrappe.

Die Maschine war als Parasolhochdecker ausgelegt, wobei der Tragflügel über eine zentrale Stütze und einigen Streben am Rumpf befestigt war. Sie verfügte über ein einziehbares Heckradfahrwerk. Das Hauptfahrwerk konnte seitlich in den Rumpf eingezogen werden.

Das Leitwerk wurde konventionell ausgeführt, jedoch ist das Höhenleitwerk etwa in der Mitte des Seitenleitwerkes angebracht um es aus dem Spritzbereich herauszuhalten. Der Motor befindet sich zentral im hochgelegenen Tragflügel. Seitlich am Tragflügel sind Stützschwimmer befestigt. Das Flugzeug ist komplett aus Metall gefertigt.

Eine Bewaffnung war nicht vorgesehen.

Die geschlossene Pilotenkabine, die über ein Doppelsteuer verfügte, und der Passagierraum waren durch Motorabluft beheizbar. Die Warmluft wurde auch verwendet um das Enteisungssystem zu speisen. Sämtliche Ruder wurden per Seilzug betätigt, außer die Landeklappen. Sie wurden beim ersten Prototypen elektrisch bewegt, beim zweiten hydraulisch.

Erste Schwimmversuche fanden bereits im November 1947 statt und erforderten geringfügige Änderungen der Rumpfstruktur.

Der Erstflug fand am 3. Dezember 1947 vom Wasser aus statt, am 11. Februar 1948 startete die Maschine erstmals von Land. Die Maschine zeigte gute Leistungen und wurde als einfach zu fliegen und bedienen eingestuft.

Im Rahmen der Flugvorführung 1951 in Tuschino wurde das Flugzeug der Öffentlichkeit vorgestellt. Es kam jedoch zu keiner Serienproduktion, da sich die sowjetische Luftwaffe zur damaligen Zeit vorrangig für Kampfflugzeuge interessiert und daher kein Interesse an dem Projekt zeigt. So wurden nur zwei Exemplare zu Testzwecken hergestellt.

Einer der Prototypen wurde 1955 im Rahmen einer Testreihe des ZAGI versuchsweise mit Unterwasserflügeln wie bei einem Tragflügelboot ausgerüstet. Dies verkürzte die Startstrecke im Wasser erheblich und verringerte auch die Rumpfbelastung deutlich. Da es jedoch nicht gelang einen wirksamen Mechanismus zu finden, der es erlaubte die Unterwasserflügel einzuklappen wurden diese Versuche nicht weiterverfolgt. Die zusätzlichen Flächen hatten den Luftwiderstand sehr stark erhöht.

Technische Daten

Kenngröße	Daten
Spannweite	19,00 m
Länge	13,00 m
Höhe	4,48 m
Flügelfläche	40,00 m²
Leergewicht	2815 kg
Startgewicht	max. 3800 kg
Antrieb	1 × Schwezow ASch-21 mit 515 kW
Höchstgeschwindigkeit	266 km/h
Reisegeschwindigkeit	165 km/h
maximale Reichweite	1205 km
Reichweite mit maximaler Zuladung	810 km
Dienstgipfelhöhe	5550 m
Besatzung	1-2
Passagiere	4-6

Weblinks

- Bild des ersten Prototypen der Berijew Be-8 kurz vor dem Start [1]; Bild verlinkt von dieser Webseite [2] (abgerufen am 20. Januar 2011)

References

[1] http://www.airwar.ru/image/idop/sea/be8/be8-3.jpg
[2] http://www.airwar.ru/enc/sea/be8.html

Article Sources and Contributors

Berijew_Be-10 *Source*: http://de.wikipedia.org/w/index.php?title=Berijew_Be-10 *Contributors*: Billyhill, Darkone, Gruß Tom, Hadhuey, Holman, J.e, Joachim T., JuergenKlueser, Liesel, Masturbius, OlafZ42, Stahlkocher, 4 anonymous edits

Flugboot *Source*: http://de.wikipedia.org/w/index.php?title=Flugboot *Contributors*: Aka, AndreasFahrrad, Anton-Josef, Atamari, Atirador, Azim, Bib, Bigbug21, Billyhill, Brummfuss, Chile1853, CommonsDelinker, Crux, Darkone, Eddy Renard, Felix Stember, Flame99, Geist, der stets verneint, Gerd Taddicken, Gruß Tom, Hadhuey, Horst2000, Itu, Jahobr, John, KaHe, Kahlfin, Krtschil, MBq, Masturbius, Matt1971, MiSt, Michael32710, Mirtazapin, Nameless, Narvalo, Olaf Studt, Pianist Berlin, Pibwl, Priwo, Rakell, Ralf Roletschek, Roland zh, Saehrimnir, Schellhaas, Schiehallion, Sflg, Siebzehnwolkenfrei, Simplicius, Solid State, Srittau, Stahlkocher, Stefan Kühn, StephanKetz, Tdaddato, TibfelerTeufelExorzist, Wessmann.clp, WikiNick, Wikidienst, Witti, Zollernalb, Zumbo, 26 anonymous edits

Sowjetunion *Source*: http://de.wikipedia.org/w/index.php?title=Sowjetunion *Contributors*: 1001, 32X, 4tilden, 790, A.Savin, ABF, ASK, Aa1bb2cc3dd4ee5, Abe Lincoln, Abzt, Acf, Achates, Adri42, Aheck, Ahoerstemeier, Aka, AlMa77, Alex352, Alexander Fischer, Alexo3, Alfred Grudszus, Alkab, Allesmüller, Amurtiger, Analitikas, Andim, Andreas 06, AndreasWolf, Androl, Angr, AnhaltER1960, Anima, Annalog, Antemister, Anton-Josef, Arbeiter- und Bauernmacht, Armin P., Arminklein, Arzuwlad, Asha Vahishta, Asthma, Atomiccocktail, Augiasstallputzer, Azim, Baird's Tapir, Bang, Bangin, Basicer01, Baumanns, Baumfreund-FFM, Ben-Zin, Benatrevqre, Benedikt2008, Bernd vdB, Binningench1, Binter, Bobbydick, Bolingbroke, Boogieman95028, Booklovers, Breeze, Bücherhexe, Cairimba, Calculus, Cethegus, Cfaerber, Chaddy, Cherubino, ChoG, Cholera, Chrause, ChrisM, Chrissib1989, Christianju, CommonsDelinker, Complex, Conversion script, Corrigo, Crux, D, DaB., Dapete, Dejus, Del123456, Denniss, Der Eberswalder, Der.Traeumer, DerHexer, Diba, Die Sengerin, Ditschi, Dodo von den Bergen, Dodo19, Don Magnifico, Dr. Manuel, Drak, Dribbler, Dundak, E3c2d6ec0ca59f4588b8bb5cb621cfa6, EBB, Edek, Edelweiß, Eintragung ins Nichts, Elian, Elwood j blues, Elya, Emkaer, Ephraim33, ErikDunsing, Exprimidor, Exxu, FEXX, FRIEDLIEBENDER SOWJETMENSCH, Feinschreiber, Fester franz, Fleasoft, Flor!an, Fomafix, Fossa, Fritz, Frumpy, Fräggel, GDK, GNosis, Galaxy07, Geiernase, Geiserich77, Generalstu, Geof, Gerbil, Gereon K., Gert Lauken, Giftmischer, Gnu1742, Gomez, Gonzo Greyskull, Grobbelflopp, Guffi, GuterSoldat, HSchielke, HaSee, HaeB, Hagbard, Hans G. Oberlack, Hansbaer, Hapliod, He3nry, HeBB, Head, Hecki, Hedavid, Heinte, Herbye, Hermes31, Hernani, Herr Klugbeisser, Herr von Quack und zu Bornhöft, Hhielscher, High Contrast, Hirsch, Hofres, Hoodrat, Hopdiridaddaradiridod, Hoss, Houty, Hu9423, Hunne, Hyperdieter, Iguana, Ilja Lorek, Inan01, Init, Inkowik, Irmgard, Itti, Ixitixel, JCIV, JHeuser, Jan81art, Janneman, Japan01, Jazzman, Jed, JensMueller, Jkbw, Jlukasw, Joerns, JohannWalter, John, Johnny Controletti, Jpp, JuTa, Juhan, Julius1990, Jwnabd, Jzeller, KPD, KaiannEntar, Kam Solusar, Karl-Henner, Katty, Kingruedi, Kku, Kl833x9, Klever, Klios, Knopfkind, Kolja21, Komischn, Krawi, Kriegslüsterner, Krokofant, Ktmd, Kuddeldaddeldu, Kugelsicherer Jugendlicher, Kurt Jansson, LKD, La Fère-Champenoise, Label5, Langec, Laroon, Lefanu, Leit, Leopold II., Lewa, Lexikonfreund, Liberal Freemason, LinDrug, Littl, LittleJoe, Livajo, Lley, LocalTrader, LordAndy, M Vilez, Mac ON, Maclemo, Madden, Maduser, Magnus, MainFrame, Mandavi, Manecke, Manfred-Manuel, Mannerheim, Markus Mueller, Marlight, Martin Aggel, Martin-vogel, Masegand, Masturbius, Mathias Schindler, Maturion, Mctucker, Mehlauge, Memnon335bc, Menkarlina, Mh26, Michael Kühntopf, Michael Schubart, Michail, Michail der Trunkene, Micham6, Milad A380, Minnou, Mischa12345, Ml, Mlxl, Mnh, Moritz Gradmann, Mr. Showman, MrBurns, Msp307, Naddy, Nagy+, Nasiruddin, Nb, Nerd, Neuroca, Nicor, Niggo911, Niklas 555, Nixred, Nol Aders, Nolispanmo, Nothere, Numbo3, Obersachse, Ocean87, Oenie, Olahus, Oliver747, Omer89, Onkel Dittmeyer, Osiris2000, Ot, OttoBauer, Oudeís, Ovrandow, P. Birken, PSIplus, Paddy2706, Panoramedia, Paramecium, PaulePanter, Pavlik, PeerBr, Pelz, Perconte, Perdian, Peter200, Pfieffer Latsch, PhJ, Philipalcazar, Philipp1984, Phrood, Pill, Pit, Pittimann, Plasmagunman, Poarps, Pokrajac, Positiv, Postmann Michael, Poxy, Primus von Quack, Proofreader, Quasimodogeniti, Quoth, Rainer Lippert, Ralf Roletschek, Raymond, Rdb, Regi51, Richard Weintraub, Rintojiang, Rita2008, RokerHRO, Roland Kutzki, Rolf H., Rolf-Dresden, Rolz-reus, Romanm, Rote Garde, Ruecking, Rülpsmann, STBR, Samir, Sandstein, Sansculotte, Sargoth, Sascha-Wagner, Schaengel89, SchirmerPower, Schlesinger, Sebastian Panwitz, Seewolf, Senip2, Sgt bilko, Shoot the moon, SibFreak, Sinn, Skaf, Skriptor, Sneecs, SoIssetEben!, Soki77, Southpark, SpecialEd, Speedator, Speifensender, Spoge2010, Srittau, StG1990, StYxXx, Stefan Kühn, Stefan Nagy, Stefan64, Stefanwege, Stern, Stfn, Stickedy, Stw, Suede, Susu the Puschel, Syrcro, TA, TAXman, TW, Themistokles1984, Thomas4180, Thomasx1, Thommess, Thor27, Thorbjoern, Thorsten1, Thuresson, Tilman Berger, Tim, Tino 1, Tinz, Tolukra, Tsor, Tzzzpfff, Ueberolsen, Uka, Ulf-S., Ultratomio, Umherirrender, Umweltschützen, Ureinwohner, User0101010101, Uwe W., Video2005, Vikipedija, Voevoda, Voland77, Volkes Stimme, Vond, W!B:, WAH, WWSS1, Warschauer, Westiandi, WhiteCrow, Wiegels, Wiki-vr, WikiNight, Wikifreund, Wikinger77, Wikipeditor, Wilhans, Wkrautter, XchrissyX, Xenolux, Yxcvbnm1234, Zaibatsu, Zaungast, Zebra848, Zenit, Zickzack, Ziko, Zollernalb, Бомбардировщик, 482 anonymous edits

Berijew *Source*: http://de.wikipedia.org/w/index.php?title=Berijew *Contributors*: Afromme, Asdert, Bananeweizen, Berg2, Billyhill, Carstenrun, El., ErikDunsing, Florian.Keßler, Hadhuey, Hagman, Henristosch, Hydro, ISasha, KGF, Manecke, Masturbius, Michail, OlafZ42, Rjh, Sarkana, SibFreak, Stahlkocher, Zeno Gantner, 6 anonymous edits

Berijew_R-1 *Source*: http://de.wikipedia.org/w/index.php?title=Berijew_R-1 *Contributors*: Arne List, Billyhill, Binter, Blaufisch, Darkone, Erzwo, Felix Stember, Hadhuey, KGF, Krombacher, Mecki fingerchen, Netopyr, OlafZ42, STBR, Stahlkocher, Svencb, Umherirrender, 4 anonymous edits

Seeaufklärer *Source*: http://de.wikipedia.org/w/index.php?title=Seeaufkl%C3%A4rer *Contributors*: Aka, Albion, Chaddy, Cosal, Florian.Keßler, Hadhuey, Kingruedi, KuK, Landroval, MFM, Mai-Sachme, ManfredK, Masturbius, MichaelDiederich, Michail, Oenie, Quezon95, Reptil, Smolik, Svens Welt, TheWolf, Triebtäter, Triggerhappy, Warrior2010, Wikifreund, Xenomorph, 20 anonymous edits

Erstflug *Source*: http://de.wikipedia.org/w/index.php?title=Erstflug *Contributors*: Adomnan, Anathema, BLueFiSH.as, Balz, Bergfalke2, Bierdimpfl, Carstenrun, Cuno.1, El Grafo, FotoFux, Grimmi59 rade, Gurumaker, Hadhuey, Hansele, Kolja21, Spotty, Stefan Kühn, Studmult, Tiefflieger, Ulrich.fuchs, Wikiabg, 3 anonymous edits

Schulterdecker *Source*: http://de.wikipedia.org/w/index.php?title=Schulterdecker *Contributors*: Billyhill, Carlos500, Carstenrun, Ciciban, Cspan64, Dem Zwickelbert sei Frau, Dergrav, Dobby1397, El Grafo, Frankee 67, HerBert, HoHun, ILA-boy, Kahlfin, Kwer Wolf, Martinli, Nicolas Barbier, OecherAlemanne, PSS, Peterlustig, Priwo, Schaengel89, Siehe-auch-Löscher, Specializer, Stahlkocher, Umherirrender, Wessmann.clp, Wikifantexter, ¡0-8-15!, 11 anonymous edits

Grenzschichtzaun *Source*: http://de.wikipedia.org/w/index.php?title=Grenzschichtzaun *Contributors*: Adkluge, BLueFiSH.as, Bdk, Billyhill, BlueCücü, Cepheiden, Drstefanschneider, Hadhuey, Kein Einstein, MFooBar2010, Micham6, Ost38, Ralf Roletschek, RokerHRO, Schillrich, Stahlkocher, Thuringius, Tokyotown8, WerWil, Wessmann.clp, Wikinaut, Xls, Zaungast, 8 anonymous edits

Berijew_Be-12 *Source*: http://de.wikipedia.org/w/index.php?title=Berijew_Be-12 *Contributors*: Asdert, Atirador, Billyhill, Chaddy, CommonsDelinker, FSHL, Frantisek, Gruß Tom, Hadhuey, Knoerz, Liesel, Magnus Manske, MichaelDiederich, OlafZ42, Panama01, Reptil, Rjh, Saehrimnir, Smolik, Stahlkocher, Uwe Gille, Wikifreund, 7 anonymous edits

Archip_Michailowitsch_Ljulka *Source*: http://de.wikipedia.org/w/index.php?title=Archip_Michailowitsch_Ljulka *Contributors*: A.Savin, APPER, Aavat, Andim, Billyhill, Carstenrun, DeffiSK, Don Magnifico, Elya, Ephraim33, Gerd Fahrenhorst, Jcornelius, Jogo.obb, Katharina, LIU, MAY, Manecke, MichaelDiederich, Onkel Dittmeyer, Pelz, RosarioVanTulpe, Sersou, SibFreak, Skilled sniper, Srbauer, Stahlkocher, 3 anonymous edits

Berijew_MP-1 *Source*: http://de.wikipedia.org/w/index.php?title=Berijew_MP-1 *Contributors*: Aka, Denniss, Gruß Tom, Hadhuey, Kr1995, OlafZ42, STBR, Saehrimnir, Stahlkocher, Tobias b köhler

Berijew_MBR-2 *Source*: http://de.wikipedia.org/w/index.php?title=Berijew_MBR-2 *Contributors*: Aka, Billyhill, Darkone, Denniss, Der Herr Karl, Florian.Keßler, Frantisek, Gruß Tom, Hadhuey, Henning M, JFH-52, JuergenKlueser, OlafZ42, Rosentod, Stahlkocher, TeesJ

Berijew_MBR-7 *Source*: http://de.wikipedia.org/w/index.php?title=Berijew_MBR-7 *Contributors*: BerndB, CommonsDelinker, CsPazuzu, Freedom Wizard, Gruß Tom, Guffi, Hadhuey, OlafZ42, Stahlkocher

Berijew_MDR-5 *Source*: http://de.wikipedia.org/w/index.php?title=Berijew_MDR-5 *Contributors*: Aka, Billyhill, Freedom Wizard, GNosis, Gruß Tom, Guffi, Hadhuey, JuergenKlueser, Mormegil, OlafZ42, Polarlys, Stahlkocher, ThomasMielke

Berijew_Be-8 *Source*: http://de.wikipedia.org/w/index.php?title=Berijew_Be-8 *Contributors*: Aloiswuest, Asdert, Atirador, Benedikt2008, Billyhill, CommonsDelinker, Darkone, Denniss, FlugTurboFan, Gruß Tom, Hadhuey, Liesel, Masturbius, OlafZ42, Stahlkocher, ThomasMielke, Tobias b köhler, 2 anonymous edits

Image Sources, Licenses and Contributors

Datei:1965. Бе-10.jpg *Source*: http://de.wikipedia.org/w/index.php?title=Datei:1965._Бе-10.jpg *License*: unknown *Contributors*: Post of Soviet Union

Datei:Bundesarchiv Bild 102-10270, Flugschiff Dornier Do X.jpg *Source*: http://de.wikipedia.org/w/index.php?title=Datei:Bundesarchiv_Bild_102-10270,_Flugschiff_Dornier_Do_X.jpg *License*: unknown *Contributors*: Georg Pahl

Datei:Martin model 130 China Clipper class passenger-carrying flying.jpg *Source*: http://de.wikipedia.org/w/index.php?title=Datei:Martin_model_130_China_Clipper_class_passenger-carrying_flying.jpg *License*: unknown *Contributors*: NACA

Datei:H-4_Hercules_2.jpg *Source*: http://de.wikipedia.org/w/index.php?title=Datei:H-4_Hercules_2.jpg *License*: unknown *Contributors*: Denniss, Duk, Hydrargyrum, Makthorpe, Mattes, Mozgulek, PeterWD, Threecharlie, Umedard, 1 anonymous edits

Datei:Saro London.svg *Source*: http://de.wikipedia.org/w/index.php?title=Datei:Saro_London.svg *License*: unknown *Contributors*: User:Salmanazar

Datei:PBYCatalina-byAndreasHarz.jpg *Source*: http://de.wikipedia.org/w/index.php?title=Datei:PBYCatalina-byAndreasHarz.jpg *License*: unknown *Contributors*: Kogo, Mkrefft, Schaengel89

Datei:US-1A-Flying boat01.jpg *Source*: http://de.wikipedia.org/w/index.php?title=Datei:US-1A-Flying_boat01.jpg *License*: unknown *Contributors*: User:Taisyo

Datei:US-1A-KAI-Flying boat01.jpg *Source*: http://de.wikipedia.org/w/index.php?title=Datei:US-1A-KAI-Flying_boat01.jpg *License*: unknown *Contributors*: User:Taisyo

Datei:Be-12P-200.jpg *Source*: http://de.wikipedia.org/w/index.php?title=Datei:Be-12P-200.jpg *License*: unknown *Contributors*: BezPRUzyn, Bukvoed, Chaddy, High Contrast, Jno, Keraunoscopia, Liftarn, Nockson, Ustas

Datei:Beriev A-40 Gelendzhik 2Sept2004.jpg *Source*: http://de.wikipedia.org/w/index.php?title=Datei:Beriev_A-40_Gelendzhik_2Sept2004.jpg *License*: unknown *Contributors*: Yevgeny Pashnin

Datei:Flag of the Soviet Union.svg *Source*: http://de.wikipedia.org/w/index.php?title=Datei:Flag_of_the_Soviet_Union.svg *License*: unknown *Contributors*: A1, Ahmadi, Alex Smotrov, Alvis Jean, Art-top, BagnoHax, Brandmeister, Counny, Denniss, Dynamicwork, ELeschev, Endless-tripper, EugeneZelenko, F l a n k e r, Fred J, Fry1989, G.dallorto, Garynysmon, Herbythyme, Homo lupus, Jake Wartenberg, MaggotMaster, Ms2ger, Nightstallion, Pianist, R-41, Rainforest tropicana, Sebyugez, Solbris, Storkk, Str4nd, Tabasco, ThomasPusch, Toben, Twilight Chill, Xgeorg, Zscout370, Серп, Тоны4, 59 anonymous edits

Datei:Coat of arms of the Soviet Union.svg *Source*: http://de.wikipedia.org/w/index.php?title=Datei:Coat_of_arms_of_the_Soviet_Union.svg *License*: unknown *Contributors*: User:F l a n k e r, User:Madden

Datei:Union of Soviet Socialist Republics (orthographic projection).svg *Source*: http://de.wikipedia.org/w/index.php?title=Datei:Union_of_Soviet_Socialist_Republics_(orthographic_projection).svg *License*: unknown *Contributors*: User:Ssolbergj

Datei:SovietUnionPhysical.jpg *Source*: http://de.wikipedia.org/w/index.php?title=Datei:SovietUnionPhysical.jpg *License*: unknown *Contributors*: User:Perconte

Datei:BevölkerungsentwicklungSowjetunions.png *Source*: http://de.wikipedia.org/w/index.php?title=Datei:BevölkerungsentwicklungSowjetunions.png *License*: unknown *Contributors*: User:M Vilez

Datei:Lenin.WWI.JPG *Source*: http://de.wikipedia.org/w/index.php?title=Datei:Lenin.WWI.JPG *License*: unknown *Contributors*: Davepape, Ertly, Jaro.p, Kaganer, Kl833x9, Kneiphof, Maksim, Svencb, 3 anonymous edits

Datei:Stamp Josef Stalin.jpg *Source*: http://de.wikipedia.org/w/index.php?title=Datei:Stamp_Josef_Stalin.jpg *License*: unknown *Contributors*: User:Prolineserver

Datei:Gedenkst tte belagerung.JPG *Source*: http://de.wikipedia.org/w/index.php?title=Datei:Gedenkst_tte_belagerung.JPG *License*: unknown *Contributors*: Benutzer:Southpark

Datei:Second world war europe 1941-1942 map de.png *Source*: http://de.wikipedia.org/w/index.php?title=Datei:Second_world_war_europe_1941-1942_map_de.png *License*: unknown *Contributors*: User:San Jose

Datei:Nixon and khrushchev.jpg *Source*: http://de.wikipedia.org/w/index.php?title=Datei:Nixon_and_khrushchev.jpg *License*: unknown *Contributors*: NARA

Datei:Leonid Brezhnev 1974.jpg *Source*: http://de.wikipedia.org/w/index.php?title=Datei:Leonid_Brezhnev_1974.jpg *License*: unknown *Contributors*: Abu badali, Kuerschner, Kürschner, Mikkalai, Siebrand

Datei:1981 CPA 5155.jpg *Source*: http://de.wikipedia.org/w/index.php?title=Datei:1981_CPA_5155.jpg *License*: unknown *Contributors*: User:Сдобников А.

Datei:Gorbatschow DR-Forum 129 b2.jpg *Source*: http://de.wikipedia.org/w/index.php?title=Datei:Gorbatschow_DR-Forum_129_b2.jpg *License*: unknown *Contributors*: User:Bernd_vdB

Datei:MoskauRoterPlatzSeptember1990.jpg *Source*: http://de.wikipedia.org/w/index.php?title=Datei:MoskauRoterPlatzSeptember1990.jpg *License*: unknown *Contributors*: DoD photo

Datei:Bundesarchiv Bild 183-71043-0003, Wladimir Iljitsch Lenin.jpg *Source*: http://de.wikipedia.org/w/index.php?title=Datei:Bundesarchiv_Bild_183-71043-0003,_Wladimir_Iljitsch_Lenin.jpg *License*: unknown *Contributors*: Fredy.00, Liesel

Datei:Joseph Stalin.jpg *Source*: http://de.wikipedia.org/w/index.php?title=Datei:Joseph_Stalin.jpg *License*: unknown *Contributors*: Margaret Bourke-White

Datei:Malenkow.jpg *Source*: http://de.wikipedia.org/w/index.php?title=Datei:Malenkow.jpg *License*: unknown *Contributors*: Paweł II z Piastów, Paweł z Piastów

Datei:Nikita Khruchchev Colour.jpg *Source*: http://de.wikipedia.org/w/index.php?title=Datei:Nikita_Khruchchev_Colour.jpg *License*: unknown *Contributors*: User:Militaryace

Datei:Brezhnev 1973.jpg *Source*: http://de.wikipedia.org/w/index.php?title=Datei:Brezhnev_1973.jpg *License*: unknown *Contributors*: Knudsen, Robert L.

Datei:Yuri Andrópov (Bundesarchiv).jpg *Source*: http://de.wikipedia.org/w/index.php?title=Datei:Yuri_Andrópov_(Bundesarchiv).jpg *License*: unknown *Contributors*: User:C records

Datei:Konstantin Chernenko1.jpg *Source*: http://de.wikipedia.org/w/index.php?title=Datei:Konstantin_Chernenko1.jpg *License*: unknown *Contributors*: Unknown

Datei:Mikhail Gorbachev 1987 b.jpg *Source*: http://de.wikipedia.org/w/index.php?title=Datei:Mikhail_Gorbachev_1987_b.jpg *License*: unknown *Contributors*: User:Bernd vdB

Datei:1918 Lev Kamenev.jpg *Source*: http://de.wikipedia.org/w/index.php?title=Datei:1918_Lev_Kamenev.jpg *License*: unknown *Contributors*: Butko, GAndy, Humus sapiens, Jarekt

Datei:YakovSverdlov.jpg *Source*: http://de.wikipedia.org/w/index.php?title=Datei:YakovSverdlov.jpg *License*: unknown *Contributors*: A.Savin, Edek, EugeneZelenko, Introvert, Kobac, Mariluna, Óðinn, ГАИ

Datei:Kalinin.jpg *Source*: http://de.wikipedia.org/w/index.php?title=Datei:Kalinin.jpg *License*: unknown *Contributors*: Alex Bakharev, Amada44, Ustas, WikedKentaur, 1 anonymous edits

Datei:NikolayShvernik.jpg *Source*: http://de.wikipedia.org/w/index.php?title=Datei:NikolayShvernik.jpg *License*: unknown *Contributors*: Soviet Government, identity of photographer is unknown

Datei:Klim voroshilov.JPG *Source*: http://de.wikipedia.org/w/index.php?title=Datei:Klim_voroshilov.JPG *License*: unknown *Contributors*: Aleksb1, Alex ivl, Erud, Makakaaaa, Night Ranger

Datei:Анастас Иванович Микоян.jpg *Source*: http://de.wikipedia.org/w/index.php?title=Datei:Анастас_Иванович_Микоян.jpg *License*: unknown *Contributors*: User:Bio-graf

Datei:Nikolai Podgorny Bundesarchiv cropped.JPG *Source*: http://de.wikipedia.org/w/index.php?title=Datei:Nikolai_Podgorny_Bundesarchiv_cropped.JPG *License*: unknown *Contributors*: Bundesarchiv_Bild_183-B0114-0010-038,_Berlin,_VI._SED-Parteitag,_Ulbricht,_Chruschtschow.jpg: Junge, Peter Heinz derivative work:

Datei:Andrej Gromyko 1967.png *Source*: http://de.wikipedia.org/w/index.php?title=Datei:Andrej_Gromyko_1967.png *License*: unknown *Contributors*: US

Datei:Bundesarchiv Bild 102-10691, Alexej Iwanowitsch Rykow.jpg *Source*: http://de.wikipedia.org/w/index.php?title=Datei:Bundesarchiv_Bild_102-10691,_Alexej_Iwanowitsch_Rykow.jpg *License*: unknown *Contributors*: Lucarelli

Datei:Molotov.bra.jpg *Source*: http://de.wikipedia.org/w/index.php?title=Datei:Molotov.bra.jpg *License*: unknown *Contributors*: Unknow Soviet Photographer - User Bronks on en.wikipedia

Datei:Bundesarchiv Bild 183-29921-0001, Bulganin, Nikolai Alexandrowitsch.jpg *Source*: http://de.wikipedia.org/w/index.php?title=Datei:Bundesarchiv_Bild_183-29921-0001,_Bulganin,_Nikolai_Alexandrowitsch.jpg *License*: unknown *Contributors*: Man vyi, 1 anonymous edits

Datei:Kossygin Glassboro.jpg *Source*: http://de.wikipedia.org/w/index.php?title=Datei:Kossygin_Glassboro.jpg *License*: unknown *Contributors*: Colchicum, POY, Trust Is All You Need

Datei:Nikolay Ryzhkov2.jpg *Source*: http://de.wikipedia.org/w/index.php?title=Datei:Nikolay_Ryzhkov2.jpg *License*: unknown *Contributors*: User:Dmitry Rozhkov

Datei:USSR Republics Numbered Alphabetically.png *Source*: http://de.wikipedia.org/w/index.php?title=Datei:USSR_Republics_Numbered_Alphabetically.png *License*: unknown *Contributors*: Aris Katsaris, Brucelee, David Kernow, Denniss, Hoshie, Milosevo, W!B:, 15 anonymous edits

Datei:Flag RSFSR 1918.svg *Source*: http://de.wikipedia.org/w/index.php?title=Datei:Flag_RSFSR_1918.svg *License*: unknown *Contributors*: User:Pianist, User:Pianist

Datei:Flag of Russian SFSR.svg *Source*: http://de.wikipedia.org/w/index.php?title=Datei:Flag_of_Russian_SFSR.svg *License*: unknown *Contributors*: User:Pianist

Datei:Flag of Russia.svg *Source*: http://de.wikipedia.org/w/index.php?title=Datei:Flag_of_Russia.svg *License*: unknown *Contributors*: Zscout370

Datei:Blank vertex Hexagonal Icon.svg *Source*: http://de.wikipedia.org/w/index.php?title=Datei:Blank_vertex_Hexagonal_Icon.svg *License*: unknown *Contributors*: ineligible

Datei:Flag of the Karelo-Finnish SSR.svg *Source*: http://de.wikipedia.org/w/index.php?title=Datei:Flag_of_the_Karelo-Finnish_SSR.svg *License*: unknown *Contributors*: Homo lupus, Nickpo, Nokka, Urmas, 2 anonymous edits

Datei:Flag of Byelorussian SSR.svg *Source*: http://de.wikipedia.org/w/index.php?title=Datei:Flag_of_Byelorussian_SSR.svg *License*: unknown *Contributors*: User:Pianist, User:Zscout370

Datei:Flag of Belarus.svg *Source*: http://de.wikipedia.org/w/index.php?title=Datei:Flag_of_Belarus.svg *License*: unknown *Contributors*: User:Zscout370

Datei:Flag of Estonian SSR.svg *Source*: http://de.wikipedia.org/w/index.php?title=Datei:Flag_of_Estonian_SSR.svg *License*: unknown *Contributors*: User:Nokka, User:Urmas

Datei:Flag of Estonia.svg *Source*: http://de.wikipedia.org/w/index.php?title=Datei:Flag_of_Estonia.svg *License*: unknown *Contributors*: User:PeepP, User:SKopp

Datei:Flag of Latvian SSR.svg *Source*: http://de.wikipedia.org/w/index.php?title=Datei:Flag_of_Latvian_SSR.svg *License*: unknown *Contributors*: User:Denelson83, User:Nokka, User:Urmas

Datei:Flag of Latvia.svg *Source*: http://de.wikipedia.org/w/index.php?title=Datei:Flag_of_Latvia.svg *License*: unknown *Contributors*: User:SKopp

Datei:Flag of Lithuanian SSR.svg *Source*: http://de.wikipedia.org/w/index.php?title=Datei:Flag_of_Lithuanian_SSR.svg *License*: unknown *Contributors*: User:Denelson83

Datei:Flag of Lithuania.svg *Source*: http://de.wikipedia.org/w/index.php?title=Datei:Flag_of_Lithuania.svg *License*: unknown *Contributors*: User:SKopp

Datei:Flag of Moldavian SSR.svg *Source*: http://de.wikipedia.org/w/index.php?title=Datei:Flag_of_Moldavian_SSR.svg *License*: unknown *Contributors*: User:Pianist

Datei:Flag of Moldova.svg *Source*: http://de.wikipedia.org/w/index.php?title=Datei:Flag_of_Moldova.svg *License*: unknown *Contributors*: User:Nameneko

Datei:Flag of Ukrainian SSR.svg *Source*: http://de.wikipedia.org/w/index.php?title=Datei:Flag_of_Ukrainian_SSR.svg *License*: unknown *Contributors*: User:Zscout370

Datei:Flag of Ukraine.svg *Source*: http://de.wikipedia.org/w/index.php?title=Datei:Flag_of_Ukraine.svg *License*: unknown *Contributors*: User:Jon Harald Søby, User:Zscout370

Datei:Flag of Transcaucasian SFSR.svg *Source*: http://de.wikipedia.org/w/index.php?title=Datei:Flag_of_Transcaucasian_SFSR.svg *License*: unknown *Contributors*: Aivazovsky, AnonMoos, Cekli829, Easyplex, Homo lupus, NuclearVacuum, Sir Iain, 4 anonymous edits

Datei:Flag of Armenian SSR.svg *Source*: http://de.wikipedia.org/w/index.php?title=Datei:Flag_of_Armenian_SSR.svg *License*: unknown *Contributors*: User:Aivazovsky

Datei:Flag of Armenia.svg *Source*: http://de.wikipedia.org/w/index.php?title=Datei:Flag_of_Armenia.svg *License*: unknown *Contributors*: User:SKopp

Datei:Flag of Azerbaijan SSR.svg *Source*: http://de.wikipedia.org/w/index.php?title=Datei:Flag_of_Azerbaijan_SSR.svg *License*: unknown *Contributors*: User:Denelson83, User:Nokka, User:Urmas

Datei:Flag of Azerbaijan.svg *Source*: http://de.wikipedia.org/w/index.php?title=Datei:Flag_of_Azerbaijan.svg *License*: unknown *Contributors*: User:SKopp

Datei:Flag of Georgian SSR.svg *Source*: http://de.wikipedia.org/w/index.php?title=Datei:Flag_of_Georgian_SSR.svg *License*: unknown *Contributors*: User:Dbenbenn, User:Nokka

Datei:Flag of Georgia.svg *Source*: http://de.wikipedia.org/w/index.php?title=Datei:Flag_of_Georgia.svg *License*: unknown *Contributors*: User:SKopp

Datei:Flag of Kazakh SSR.svg *Source*: http://de.wikipedia.org/w/index.php?title=Datei:Flag_of_Kazakh_SSR.svg *License*: unknown *Contributors*: User:Nokka, User:Urmas

Datei:Flag of Kazakhstan.svg *Source*: http://de.wikipedia.org/w/index.php?title=Datei:Flag_of_Kazakhstan.svg *License*: unknown *Contributors*: -xfi-

Datei:Flag of Kyrgyz SSR.svg *Source*: http://de.wikipedia.org/w/index.php?title=Datei:Flag_of_Kyrgyz_SSR.svg *License*: unknown *Contributors*: User:Aivazovsky, User:Nokka, User:Urmas

Datei:Flag of Kyrgyzstan.svg *Source*: http://de.wikipedia.org/w/index.php?title=Datei:Flag_of_Kyrgyzstan.svg *License*: unknown *Contributors*: Made by Andrew Duhan for the Sodipodi SVG flag collection, and is public domain.

Datei:Flag of Tajik SSR.svg *Source*: http://de.wikipedia.org/w/index.php?title=Datei:Flag_of_Tajik_SSR.svg *License*: unknown *Contributors*: User:Pianist

Datei:Flag of Tajikistan.svg *Source*: http://de.wikipedia.org/w/index.php?title=Datei:Flag_of_Tajikistan.svg *License*: unknown *Contributors*: Alex Spade, Anime Addict AA, Antonsusi, Apatomerus, Ecad93, EugeneZelenko, Fred the Oyster, Fry1989, Homo lupus, Johnny Rotten, Klemen Kocjancic, Mattes, Nameneko, Neq00, Nightstallion, OAlexander, Rinkio, SouthSudan, Zscout370, Умед Джайхони, 3 anonymous edits

Datei:Flag of Turkmen SSR.svg *Source*: http://de.wikipedia.org/w/index.php?title=Datei:Flag_of_Turkmen_SSR.svg *License*: unknown *Contributors*: User:Denelson83, User:Nokka, User:Urmas

Datei:Flag of Turkmenistan.svg *Source*: http://de.wikipedia.org/w/index.php?title=Datei:Flag_of_Turkmenistan.svg *License*: unknown *Contributors*: User:Vzb83

Datei:Flag of Uzbek SSR.svg *Source*: http://de.wikipedia.org/w/index.php?title=Datei:Flag_of_Uzbek_SSR.svg *License*: unknown *Contributors*: User:Denelson83, User:Nokka, User:Urmas

Datei:Flag of Uzbekistan.svg *Source*: http://de.wikipedia.org/w/index.php?title=Datei:Flag_of_Uzbekistan.svg *License*: unknown *Contributors*: User:Zscout370

Datei:Soviet Ruble from 1970.jpg *Source*: http://de.wikipedia.org/w/index.php?title=Datei:Soviet_Ruble_from_1970.jpg *License*: unknown *Contributors*: User:M Vilez

Datei:Moskau Uni.jpg *Source*: http://de.wikipedia.org/w/index.php?title=Datei:Moskau_Uni.jpg *License*: unknown *Contributors*: Benutzer:Schoschi

Datei:Tu-144-schoenefeld.jpg *Source*: http://de.wikipedia.org/w/index.php?title=Datei:Tu-144-schoenefeld.jpg *License*: unknown *Contributors*: Lothar Willmann

Datei:RAF BAe Nimrod MR2 XV226-26 1.jpg *Source*: http://de.wikipedia.org/w/index.php?title=Datei:RAF_BAe_Nimrod_MR2_XV226-26_1.jpg *License*: unknown *Contributors*: Chesipiero, Cobatfor, Gsl, MB-one, Marcelloo, Roke, 1 anonymous edits

Datei:An-12Cub.jpg *Source*: http://de.wikipedia.org/w/index.php?title=Datei:An-12Cub.jpg *License*: unknown *Contributors*: Original uploader was Wikifreund at de.wikipedia (Original text : DoD photo)

Datei:Breguet.atlantic.6112.arp.jpg *Source*: http://de.wikipedia.org/w/index.php?title=Datei:Breguet.atlantic.6112.arp.jpg *License*: unknown *Contributors*: Arpingstone, Gomera-b, Karnickelbogen, MB-one, PMG

Datei:P-3B DN-SC-82-02246.JPEG *Source*: http://de.wikipedia.org/w/index.php?title=Datei:P-3B_DN-SC-82-02246.JPEG *License*: unknown *Contributors*: PHAN J. Mason, USN

Datei:C-295 Persuader (3).JPG *Source*: http://de.wikipedia.org/w/index.php?title=Datei:C-295_Persuader_(3).JPG *License*: unknown *Contributors*: User:Outisnn

Datei:Cessna 150C D-ENMW.jpg *Source*: http://de.wikipedia.org/w/index.php?title=Datei:Cessna_150C_D-ENMW.jpg *License*: unknown *Contributors*: User:Stahlkocher

Datei:Boeing B-52F takeoff. Note the AGM-28 Hound Dog missiles 061128-F-1234S-008.jpg *Source*: http://de.wikipedia.org/w/index.php?title=Datei:Boeing_B-52F_takeoff._Note_the_AGM-28_Hound_Dog_missiles_061128-F-1234S-008.jpg *License*: unknown *Contributors*: AlphaWiki, Balmung0731, Stahlkocher, 1 anonymous edits

Image:Wing_fence_sukhoi-22m-4.jpg *Source*: http://de.wikipedia.org/w/index.php?title=Datei:Wing_fence_sukhoi-22m-4.jpg *License*: unknown *Contributors*: User:Thuringius

Datei:Beriev Be-12 Gelenzhik 2Sept2004.jpg *Source*: http://de.wikipedia.org/w/index.php?title=Datei:Beriev_Be-12_Gelenzhik_2Sept2004.jpg *License*: unknown *Contributors*: Yevgeny Pashnin

Datei:Flag of Syria.svg *Source*: http://de.wikipedia.org/w/index.php?title=Datei:Flag_of_Syria.svg *License*: unknown *Contributors*: see below

Datei:Flag of Vietnam.svg *Source*: http://de.wikipedia.org/w/index.php?title=Datei:Flag_of_Vietnam.svg *License*: unknown *Contributors*: user:Lưu Ly

Datei:Be-12(1Apr1990).jpg *Source*: http://de.wikipedia.org/w/index.php?title=Datei:Be-12(1Apr1990).jpg *License*: unknown *Contributors*: BezPRUzyn, High Contrast, Mattes

Datei:Nowodewitschi Grab Ljulka.jpg *Source*: http://de.wikipedia.org/w/index.php?title=Datei:Nowodewitschi_Grab_Ljulka.jpg *License*: unknown *Contributors*: A.Savin

Datei:Mp-1-beriev40a.jpg *Source*: http://de.wikipedia.org/w/index.php?title=Datei:Mp-1-beriev40a.jpg *License*: unknown *Contributors*: Russavia

Datei:Flag of the Soviet Union 1923.svg *Source*: http://de.wikipedia.org/w/index.php?title=Datei:Flag_of_the_Soviet_Union_1923.svg *License*: unknown *Contributors*: -

Datei:Berijew MP-1.jpg *Source*: http://de.wikipedia.org/w/index.php?title=Datei:Berijew_MP-1.jpg *License*: unknown *Contributors*: unbekannt

Datei:Beriev MDR-5.jpg *Source*: http://de.wikipedia.org/w/index.php?title=Datei:Beriev_MDR-5.jpg *License*: unknown *Contributors*: Whiskas

Printed by Books on Demand GmbH, Norderstedt / Germany